光波传输数值仿真

Numerical Simulation of Optical Wave Propagation

〔美〕 Jason D. Schmidt 著

郭汝海 郑长彬 曹立华 译

国防工业出版社

·北京·

著作权合同登记　图字:军-2015-090 号

图书在版编目(CIP)数据

光波传输数值仿真/(美)杰森·D. 施密特(Jason D. Schmidt)
著;郭汝海,郑长彬,曹立华译.—北京:国防工业出版社,2018.2
书名原文:Numerical Simulation of Optical Wave Propagation
ISBN 978-7-118-11428-7

Ⅰ. ①光… Ⅱ. ①杰… ②郭… ③郑… ④曹… Ⅲ. ①光束传
播法-计算机仿真 Ⅳ. ①TN25-39

中国版本图书馆 CIP 数据核字(2018)第 019205 号

※

国防工业出版社出版发行

(北京市海淀区紫竹院南路 23 号　邮政编码 100048)
天津嘉恒印务有限公司印刷
新华书店经售

＊

开本 710×1000　1/16　印张 12　字数 215 千字
2018 年 2 月第 1 版第 1 次印刷　印数 1—2500 册　定价 79.00 元

(本书如有印装错误,我社负责调换)

国防书店:(010)88540777　　　发行邮购:(010)88540776
发行传真:(010)88540755　　　发行业务:(010)88540717

作者简介：

Jason D. Schmidt，美国空军少校，是空军工业大学电气与计算机工程学院光电专业副教授。曾在美国空军研究实验室"星火"光学实验场做过研究，在 Dayton 大学获得了光电专业博士学位。Schmidt 博士对大气湍流光波传输已有 10 年的研究。他在 2008 年从美国空军科学技术部获得了青年研究优秀奖。除了光波传播，Schmidt 博士的研究领域还包括自由空间光通信和自适应光学等。

序

《光波传输数值模拟》这本专著系统介绍了光波传输的基础理论、离散采样方法、基于 MATLAB 平台的编码实例以及具体的应用场合,对于从事光学系统设计,特别是激光系统设计的科研人员具有极佳的参考价值。

最近几年,随着激光器的发展以及各种新型应用的产生,越来越多的光学现象已经不能简单地用几何光学原理进行解释,如微纳光学、全息光学、大气光学等学科领域,往往需要衍射光学理论才能给出合理解释。基于此,就需要相关衍射光学的数值算法来给出可靠的理论仿真结果来指导研发设计人员从衍射现象的基本原理和概念出发,建立准确直观的物理图像。

国内外光学方面的著作与教材多集中在理论基础上,结论和推理结果多可以用解析的方程表示,非常有利于读者或学生的理解。但涉及到衍射光学现象,特别是结合传输的路径和传输的介质,已经无法得到准确的解析解,常常需要利用数值离散的算法来得到逼近真实结果的数值解,并最终给出可视化的图形结果,最终用于指导科学研究和具体的工程应用。

但对于衍射现象数值模拟仿真难度较大,且需要的计算资源较多,一直处于科研非常热门的研究领域,利用离散傅里叶变换的数值方法是最常用的数值方法,本书作者是美国空军少校,在大气湍流光波传输研究领域已经有超过 10 年的深入研究,综合了多年来在此领域研究的最新成果,并辅以国内科研界最常用的数值仿真平台 MATLAB 软件上的算法实例(均可以上机实际演示),对于实际光波传输问题均可以简单的在本书实例上进行修改得到呈现,大大降低了读者对于光波物理传输衍射现象模拟分析的难度,特别涉及难于直观理解的随机介质中的传输现象,也给出了物理模型进行描述。

郭汝海博士长期从事激光光束传输控制方向的研究,应用领域包括光电对抗、激光照明、激光武器、激光显示等,主持参与了服务于国防及民用市场的多种光电仪器设备,对光波的衍射传输问题有深刻的理解,并且应用本书的算法及 **MATLAB**

例程指导了多种光学仪器设备的技术方案,如激光武器以及激光电视等军用和民用光电产品,具有重要的实用参考价值,因此郑重推荐本译著作为光学工程技术人员研究光波衍射现象的参考用书。本书也可以作为光学工程和光电子技术相关专业研究生、本科生理解物理光学衍射现象的上机参考指导用书。

译 者 序

光学是一门既古老又年轻的学科,随着激光技术的出现更加焕发出蓬勃的生命力。传统的光学设计基本围绕着几何光学进行,如望远镜和显微镜等,这些应用仅仅把光波当作直线传播,忽略了光波的波动本质,也无法解释一些我们常见的自然现象,如激光的传输过程、光波通过小孔等障碍物的绕射现象。以上这些现象都可以用衍射理论来进行解释。然而,衍射问题的计算一直是十分困难的工作,正如波恩及沃尔夫在他们的光学经典著作《光学原理》中提到的一样:"衍射问题是光学中遇到的最困难的问题之一,在衍射理论中很少存在某种意义上可以认为是严格的解……"。这本书的出现就是专门针对光波衍射问题的。目前国防建设中出现的一些新型武器装备都和激光(激光也就是一种相干性极高的光波)应用息息相关,如激光武器、激光雷达、激光照明、激光三维成像、激光全息术、激光通信、激光制导等,这些领域无一不和激光光波的衍射现象密不可分。

在研制上述大型武器装备时,进行仿真来验证其主要性能是非常必要的,不但可以指导光学性能指标设计,还可给出最终系统的光学性能。这就极大地节省了实验及试制的成本。通过阅读本书,可进一步加深广大科研人员对光波衍射现象的直观理解,为国防现代化建设和武器装备的升级改造提供技术基础和学术参考。

国内有关光束衍射仿真方面的图书,有的偏重于理论推导与讲解,有的仅仅给出一些仿真结果,而没有实际的 MATLAB 例程,而国内 MATLAB 图书也没有关于光束衍射的专著出版,因此翻译本书具有现实意义。同时,本书作者为美国空军技术学院工作,在美国也有一定的军事背景,他作为大学教授也把本书作为研究生课程讲义,因此译者认为非常有必要翻译这样一本专著以飨国内从事相关科研教学活动的科技工作者。

本书专业程度非常高,跨度很大,涉及基础理论、算法编程、大气光学等方方面面,这给翻译增加了不少难度。感谢中国科学院长春光学精密机械与物理研究所及海信集团有限公司激光显示研发部对本书出版的大力支持,感谢朋友们的无私支持,其中曹立华、郭劲、李殿军和陈宁研究员给予本书很多指导意见,清华大学曹良才教授以及中国科学院北京半导体所的阚强研究员也给予初版审校意见,特此一并表示衷心的谢意。

另外,本书的出版过程中,还得到了装备科技译著出版基金资助,在此一并致谢。

尽管译者始终心怀谨慎,反复修改,但难免还会存在疏漏,恳请广大读者批评指正。译者联系方式:(0532)5575-6229,电子邮件:hitgrh@163.com。

译者

2017 年 3 月 14 日

前　言

　　衍射现象是光学中非常有趣并且很活跃的一个研究领域,然而在一些实际问题上,特别是光波通过随机波动的介质传播时,分析方法就显得非常匮乏,对于这些问题,研究者必须借助于数值方法,而在衍射光学中数值模拟往往是非常具有挑战的,通常这些模拟会用到离散的傅里叶变换,也就是需要在有限尺寸网格点上进行离散空间取样,这就需要运算速度、内存和精度之间的权衡。因此,取样点参数必须仔细选择。人们试图寻求自动选择这些参数的方法,但是并不是每种情况都能实现自动模式。为了确定取样点参数,使用者必须仔细考虑计算速度、可能的计算内存资源、奈奎斯特取样标准、几何形状、准确的光源孔径大小以及对目标传播场的影响。

　　本书是基于我在 Dayton 大学攻读博士学位时的独立研究撰写的,这项研究是在空军技术研究所 Goda 教授指导下完成的,完成这项研究后,Goda 在 AFIT 开设了一门关于光波模拟的课程。我毕业后,在 AFIT 担任了教授而 Goda 去了一家新的军方单位,当我开始讲授光波模拟课程时,尚没有适合研究生学习的详细教程,此课程是按照 Goda 教授整理的笔记内容讲授的。整理这些笔记并不容易,但 Goda 教授把离散傅里叶变换、光学期刊、会议进展等资料整理到一起,完成了这项伟大艰巨的工作。

　　在本书问世前,仅有的几本关于图像处理和非线性光学的图书中模拟都是用于事后验证。很明显,进行光学模拟所需实际知识和傅里叶光学课本(如 Joseph Goodman 和 Jack Gaskill 编写) 中的理论材料间存在一个间隙。当了解到全美的教授谈到他们是如何把模拟相关材料加到他们的研究生傅里叶光学课程中后,我对他们的努力表示十分赞赏,因为在一门课程中教会学生们理论和实际的傅里叶模拟是一项非常具有挑战性的工作。然而,如果学生要写出光波模拟论文,那么一个学期的傅里叶光学课程尚不够详细,这也是 AFIT 把傅里叶光学和光波模拟分开讲授的原因。

　　本书适用于物理学、电气工程、电光和光学专业的研究生,本书给出了傅里叶光学所有相关公式。为了更好地理解本书观点,读本书之前如果对傅里叶光学原理有个透彻的理解是非常有帮助的。

　　我相信本书的优势在于直接给出了特定代码例子而不是代码示意流程图,例子的编程或者脚本语言应该广泛使用及易于明白，即使对于没有使用过的科研人员也应能快速上手。因此，本书全篇例子采用 MATLAB 编程，MATLAB 在大学和科研单位被广泛应用于工程方面，同时由于其语言和数值代数函数的便捷，例如像离散傅里叶变换卷积就在其内部的函数库里，很容易被使用者理解。如果选用其他语言，像 C，C++，FORTRAN，Java 和 Python，我则需要选择一个特殊的外部数值库或者编写自己的代数函数，然后把它们嵌入到编程语言库中。

我认为本书采用 MATLAB 可以让读者把重点放到光波传输，而不是最基本的数值计算方法上，像离散傅里叶变换。而且，任何安装 MATLAB 软件的使用者都可以按照书中所写那样运行代码，无需再安装附加函数库，而且书中例子很少采用 MATLAB 工具箱，基本依靠它的基本功能就能实现，读者应注意到本书代码设计概念简洁，没有速度和内存使用优化，我鼓励读者重新编写书中的 MATLAB 例子代码以获得更好的性能，或者用其他语言来完成书中例程。

我非常感谢为此项工作付出努力的人们，特别是 Glenn Tyler、David Fried，光科学公司的 Phillip Roberts 和 MZA 公司的 Steve Coy。1982 年，Fried 和 Tyler 完成了一份关于模拟光波传输和相关取样约束的技术报告，几年后，Roberts 给出一份更加详细的描述一步、两步和角谱传播的方法，最近，Coy 给出一份技术报告详细描述了取样要求和传播几何之间关系，这些报告是 Goda 笔记的最初来源，并且最终促成了本书。

同样，感谢 Jeffrey Barchers、Troy Rhoadarmer、Terry Brenan 和 Don Link，当我还是 UD 的一名学生时候和我作为 AFIT 的一名教授讲述光波模拟课程时，他们回答了我的关于光波模拟的问题。这些先生们富有经验并且才能出众，他们给出的建议非常有帮助，此外还要感谢 Michael Havrilla 在第 1 章基本电动力学给予的帮助。

特别感谢 Matthew Goda 做出的基础性工作和他的讲义。没有他的工作，本书出版几乎是不可能的，他提供给本书很多材料，这些材料给予了十几个在美国空军工作的学生继续从事伟大事业以巨大帮助，最后我要感谢那些在本书草稿阶段帮助找错误的学生，他们的工作让我得以继续提炼内容，并补充了很多相关材料。

Jason Schmidt

2010 年 6 月

X

目　　录

第1章　标量衍射理论基本原理

光可以用两个完全不同的方法来描述:经典电动力学和量子电动力学。在经典处理中,电磁场是空间和时间的连续函数,并且光包含共同振荡的电和磁波场。在量子处理中,光子是没有质量和电荷的基本粒子,并且光包含一个或多个光子。每一个方法背后都有一套严格的理论和支撑它们的实验证据,没有一种方法可以被忽视,这导致了光的波粒二象性。一般地,经典方法用于光的宏观属性,而量子方法用于光的亚微观属性。

本书只描述宏观属性,所以完全采用经典电动力学来处理问题。当电磁波的波长 λ 非常小,接近于 0 时,波沿直线传播,经过物体边缘不发生弯曲。这是几何光学的范畴,然而,本书处理了许多几何光学不足以描述的现象,如衍射。因此,本书的起点是经典电动力学,并由标量衍射理论给出相应的解。几何光学的处理将在 6.5 节中进行简要介绍。

1.1　经典电动力学基础

经典电动力学根据材料的宏观属性来处理电场、磁场、静电荷和移动电荷(电流)的空间和时间关系,根据一些基本关系定义每个物理量。本节向读者介绍麦克斯韦方程组里的一些物理量,该方程组描述了带电粒子和物体如何产生电场和磁场。在此介绍麦克斯韦方程组的最一般的形式,然后主要讨论组成光的振荡电场和磁场的具体实例及其对应的解。

1.1.1　电场和磁场的源

以库仑为单位的电荷是基本粒子和体材料的基本属性。电荷可以是正的、负的或零。进一步来说,电荷是量子化的,最小非零电荷是元电荷,其数量为 $e = 1.602 \times 10^{-19}$ C。所有的非零电荷数量是元电荷的整数倍。对于体材料,该倍数可能非常大以至于总电量可以连续处理。用 $\rho(r, t)$ 表示以库仑每立方米为单位的自由电子体密度,其中 r 为三维空间矢量,t 为时间。移动的电荷密度称为自由体电流密度 $J(r, t)$,体电流密度以安培每平方米为单位($1A = 1C/s$),即电荷通过单

位表面积的时间速率。电荷是守恒的,这意味着任何系统的总电荷是不变的,这在数学上通过连续性方程规定为

$$\nabla \cdot \boldsymbol{J}(\boldsymbol{r},t) + \frac{\partial \rho(\boldsymbol{r},t)}{\partial t} = 0 \tag{1.1}$$

生活中遇到的几乎每一种材料都包含许多带有多个正、负电荷的原子。通常,这些正、负电荷的数量是相等的或近似相等的,因此整个材料是电中性的。这样的材料在总电荷或自由电流为零时仍可以产生电场或磁场。如果电荷的分布是不均匀的或电荷在一个微小的电流回路里循环,就会产生电场或磁场。

电荷的距离用电偶极矩来描述,即间隔电荷的数量乘以间隔距离。如果体材料的电荷由许多微小的偶极子排列而成,就可以说该体材料被电极化了。体极化密度 $\boldsymbol{P}(\boldsymbol{r},t)$ 是单位体积内电偶极矩的密度,以库仑每平方米(C/m^2)为单位。

磁化是与移动电荷相似的概念。在微电流回路里循环的电荷可以用磁偶极矩描述,即循环电流乘以回路的面积。当体材料的内电流由许多小回路排列而成,就可以说该体材料被磁化了。体磁化密度 $\boldsymbol{M}(\boldsymbol{r},t)$ 是每单位体积内磁偶极矩的密度,以安培每米(A/m)为单位。

1.1.2　电和磁场

当假设的电荷,即检验电荷,从具有非零 $\rho,\boldsymbol{J},\boldsymbol{P}$,或 $\boldsymbol{M}$ 的体材料附近通过,电荷将受到力的作用,这种相互作用可以用矢量 $\boldsymbol{E}$ 和 $\boldsymbol{B}$ 表示。若给定位置和时间,则作用在实验颗粒上的电磁力 $\boldsymbol{F}$ 是这些矢量场、颗粒电荷 q 和速度 $\boldsymbol{v}$ 的函数。洛伦兹力法则描述这种相互作用为

$$\boldsymbol{F} = q(\boldsymbol{E} + \boldsymbol{v} \times \boldsymbol{B}) \tag{1.2}$$

如果这一经验结论是成立的(当然,几个世纪关于这一课题的无数实验都显示该结论是成立的),那么两个矢量场 $\boldsymbol{E}$ 和 $\boldsymbol{B}$ 可以因此通过空间和时间进行定义,称为"电场"和"磁感应"。[1]

式(1.2)可以更详细地检验,以提供这些场更直观的定义。当检验电荷是静止的,电场为单位检验电荷所受到力的数量,即

$$\boldsymbol{E} = \lim_{q \to 0^+} \frac{\boldsymbol{F}}{q} \bigg|_{v=0} \tag{1.3}$$

因为力与场的方向不是相同就是相反,所以称为推拉力,力的方向取决于电荷的符号。电场以伏特每米(V/m)为单位(1V = 1N · m/C)。磁场与单位检验电荷受到力的数量有关,即

$$\boldsymbol{v} \times \boldsymbol{B} = \lim_{q \to 0^+} \frac{\boldsymbol{F} - q\boldsymbol{E}}{q} \bigg|_{v \neq 0} \tag{1.4}$$

由磁场产生的力与粒子的速度方向垂直,将使粒子的运动轨迹发生偏转,因此称为偏转力。磁场以特斯拉(T)为单位[1T=1N·s/(C·m)]。

随着对场的进一步理解,现在需要考虑与源有关的场。源与场的关系是通过几个世纪的实验测量、理论和直觉上的领悟得到的,有

$$\nabla \times E + \frac{\partial B}{\partial t} = 0 \tag{1.5}$$

$$\nabla \times B - \mu_0 \varepsilon_0 \frac{\partial E}{\partial t} = \mu_0 \left(J + \frac{\partial P}{\partial t} + \nabla \times M \right) \tag{1.6}$$

这是麦克斯韦方程组中的两个方程,前者是经过麦克斯韦修正的法拉第定律,后者是麦克斯韦修正的安培定律。在式(1.6)中,右侧的源包括自由电流 J 和束缚电流。这是极化电流 $\partial P / \partial t$ 和磁化电流 $\nabla \times M$。

这些公式可以写成更有用的函数形式。式(1.6)可以改写为

$$\nabla \times \left(\frac{B}{\mu_0} - M \right) = J + \frac{\partial}{\partial t} (\varepsilon_0 E + P) \tag{1.7}$$

做如下定义,引入电位移矢量 D 和磁场强度 H 的概念,这是反映材料响应的场,有

$$D = \varepsilon_0 E + P \tag{1.8}$$

$$H = \frac{B}{\mu_0} - M \tag{1.9}$$

现在,麦克斯韦方程的形式变为

$$\nabla \times E = -\frac{\partial B}{\partial t} \tag{1.10}$$

$$\nabla \times H = J + \frac{\partial D}{\partial t} \tag{1.11}$$

进一步将式(1.10)、式(1.11)与式(1.1)合并,得

$$\nabla \cdot \nabla \times H = \nabla \cdot J + \frac{\partial}{\partial t} \nabla \cdot D \tag{1.12}$$

$$= -\frac{\partial \rho}{\partial t} + \frac{\partial}{\partial t} \nabla \cdot D \tag{1.13}$$

$$= 0 \tag{1.14}$$

注意右侧

$$\frac{\partial}{\partial t} (\nabla \cdot D - \rho) = 0 \tag{1.15}$$

$$\nabla \cdot D - \rho = f(r) \tag{1.16}$$

式中:$f(r)$ 为空间的非特定函数,而不是时间的函数。因果关系要求在源发动之前

满足 $f(\boldsymbol{r}) = 0$,得到库仑定律:

$$\nabla \cdot \boldsymbol{D} = \rho \tag{1.17}$$

相似的操作得到

$$\nabla \cdot \boldsymbol{B} = 0 \tag{1.18}$$

这表明磁单极荷是不存在的。最后,式(1.10)、式(1.11)、式(1.17)和式(1.18)构成了麦克斯韦方程组[1]。

在这个宏观电动力学模型中,式(1.10)和式(1.11)是两个独立的矢量方程。每一个方程包含3个标量要素,共有6个独立的标量方程。不幸的是,考虑到对源的认识,共有4个未知的矢量场 $\boldsymbol{D}$、$\boldsymbol{B}$、$\boldsymbol{H}$ 和 $\boldsymbol{E}$。每一个矢量场都有3个要素,总共12个未知标量。有如此比方程多得多的未知场要素,这是一个难以求解的问题。

问题的关键是理解处于场中的介质,这产生一个关联 $\boldsymbol{P} \sim \boldsymbol{E}$ 和 $\boldsymbol{M} \sim \boldsymbol{H}$ 的方法,共计6个额外的标量方程。例如,在简单介质(线性、均匀、各向同性)中,有

$$\boldsymbol{P} = \varepsilon_0 \chi_e \boldsymbol{E} \tag{1.19}$$

$$\boldsymbol{M} = \chi_m \boldsymbol{H} \tag{1.20}$$

式中:χ_e 为介质的电极化率;χ_m 为磁化率。

将其代入式(1.8)和式(1.9),得

$$\boldsymbol{D} = \varepsilon_0 \boldsymbol{E} + \boldsymbol{P} \tag{1.21}$$

$$= \varepsilon_0 (1 + \chi_m) \boldsymbol{E} \tag{1.22}$$

$$= \varepsilon \boldsymbol{E} \tag{1.23}$$

和

$$\boldsymbol{B} = \mu_0 (\boldsymbol{H} + \boldsymbol{M}) \tag{1.24}$$

$$= \mu_0 (1 + \chi_m) \boldsymbol{H} \tag{1.25}$$

$$= \mu \boldsymbol{H} \tag{1.26}$$

式中:$\varepsilon = (1 + \chi_e) \varepsilon_0$ 为介质的介电常数;$\mu = (1 + \chi_m) \mu_0$ 为介质的磁导率。

将式(1.10)和式(1.11)简化为

$$\nabla \times \boldsymbol{E} = -\mu \frac{\partial \boldsymbol{H}}{\partial t} \tag{1.27}$$

$$\nabla \times \boldsymbol{H} = \boldsymbol{J} + \varepsilon \frac{\partial \boldsymbol{E}}{\partial t} \tag{1.28}$$

现在,仍存在6个方程,但只有6个未知数(如果已知自由电流密度 $\boldsymbol{J}$)。随着对材料的适当理解,这将是一个适定的问题。

1.2 麦克斯韦方程组的简单行波解

麦克斯韦方程有很多解,但是只有一部分可以写成无积分的闭合形式解。这

一节首先将麦克斯韦的 4 个方程转换为 2 个非耦合波动方程;随后将求解一些简单特解,如无限平面波。在下一节中将处理更一般性的解。

1.2.1 获得波动方程

本书讨论通过线性、各向同性、均匀、无色散、无源电荷和电流的电介质材料的光波传播。在这种情况下,本书剩余部分讨论的介质具有如下属性:

$$\varepsilon \text{ 为标量,与 } \lambda, r, t \text{ 无关} \tag{1.29}$$

$$\mu = \mu_0 \tag{1.30}$$

$$\rho = 0 \tag{1.31}$$

$$\boldsymbol{J} = \boldsymbol{0} \tag{1.32}$$

采用式(1.27)的旋度,得

$$\nabla \times (\nabla \times \boldsymbol{E}) = -\mu_0 \frac{\partial}{\partial t}(\nabla \times \boldsymbol{H}) \tag{1.33}$$

然后,代入式(1.28),得

$$\nabla \times (\nabla \times \boldsymbol{E}) = -\mu_0 \varepsilon \frac{\partial^2}{\partial t^2}\boldsymbol{E} \tag{1.34}$$

现在,应用矢量恒等式 $\nabla \times (\nabla \times \boldsymbol{E}) = \nabla(\nabla \cdot \boldsymbol{E}) - \nabla^2 \boldsymbol{E}$,得

$$\nabla(\nabla \cdot \boldsymbol{E}) - \nabla^2 \boldsymbol{E} = -\mu_0 \varepsilon \frac{\partial^2}{\partial t^2}\boldsymbol{E} \tag{1.35}$$

最后,代入式(1.17)和式(1.23),由于 ε 与位置无关,得到波动微分方程:

$$\nabla^2 \boldsymbol{E} - \mu_0 \varepsilon \frac{\partial^2}{\partial t^2}\boldsymbol{E} = \boldsymbol{0} \tag{1.36}$$

同理,由式(1.28)的旋度,得

$$\nabla^2 \boldsymbol{B} - \mu_0 \varepsilon \frac{\partial^2}{\partial t^2}\boldsymbol{B} = \boldsymbol{0} \tag{1.37}$$

将拉普拉斯算子应用于 $\boldsymbol{E}$ 和 $\boldsymbol{B}$ 的笛卡儿分量,结果为 6 个非耦合但形式相同的等式:

$$\left(\nabla^2 - \mu_0 \varepsilon \frac{\partial^2}{\partial t^2}\right) U(x, y, z) = 0 \tag{1.38}$$

式中:标量 $U(x, y, z)$ 为矢量场 $\boldsymbol{E}$ 和 $\boldsymbol{B}$ 的任意 x、y、z 方向的分量。

在这种情况下,可定义折射率为

$$n = \sqrt{\frac{\varepsilon}{\varepsilon_0}} \tag{1.39}$$

和真空光速:

$$c = \frac{1}{\sqrt{\mu_0 \varepsilon_0}} \qquad (1.40)$$

那么

$$\left(\nabla^2 - \frac{n^2}{c^2} \frac{\partial^2}{\partial t^2} \right) U(x, y, z) = 0 \qquad (1.41)$$

构成光的电磁场是行波场。因此,带有谐波时间关系 $\exp(-\mathrm{i}2\pi\nu t)$(其中,$\nu$ 是波频率)的场是满足本书目的一类解。将这一关系代入式(1.41),结果为

$$\left[\nabla^2 + \left(\frac{2\pi n \nu}{c} \right)^2 \right] U = 0 \qquad (1.42)$$

通常,波长 $\lambda = c/\nu$,并且波数定义为 $k = 2\pi/\lambda$,则

$$\left[\nabla^2 + k^2 n^2 \right] U = 0 \qquad (1.43)$$

式(1.43)为赫姆霍兹方程,经常出现在物理学的其他分支中,包括热力学和量子力学。在这种情况下,可以省略时间关系,因为对于所有赫姆霍兹方程的解,时间关系都是相同的。从现在起,场 $U(x, y, z)$ 只针对光场的复相位部分(无时间关系)。进一步,定义 $U(x, y, z)$ 的单位为根号瓦每米($\sqrt{\mathrm{W}}/\mathrm{m}$,$1\mathrm{W} = 1\mathrm{J/s} = 1\mathrm{N} \cdot \mathrm{m/s}$),那么,光辐照度 $I = |U|^2$ 的单位为瓦每平方米($\mathrm{W/m^2}$)。电场或磁感应的值总是可以通过简单的单位变换得到。

1.2.2 简单行波场

在本书中有若干种有用的简单行波场,分别为平面波、球面波和高斯光束波。这些解对应的场在所有点都总是保持平面、球面或高斯光束形式,并且像曲率半径这样的参数随着光波传播以简单的形式变化。下一节关于标量衍射的理论将处理更多一般的情况。

平面波是最简单的可能的行波。在垂直于传播方向的平面内,平面波具有相同的振幅和相位。更一般地,当光轴不沿着传播方向,平面波场由下式给出:

$$U_{\mathrm{P}}(\boldsymbol{r}) = A\exp(\mathrm{i}\boldsymbol{k} \cdot \boldsymbol{r}) \qquad (1.44)$$

式中:A 为波振幅;

$$\boldsymbol{k} = \frac{2\pi}{\lambda}(\alpha \, \hat{x} + \beta \, \hat{y} + \gamma \, \hat{z}) \qquad (1.45)$$

是方向余弦由 α、β、γ 得出的矢量。然后,使方向余弦更加明确,则

$$U_{\mathrm{P}}(\boldsymbol{r}) = A\exp\left[\mathrm{i} \frac{2\pi}{\lambda}(\alpha x + \beta y + \gamma z) \right] \qquad (1.46)$$

波的传播方向与 x 轴夹角为 $\arccos\alpha$,与 y 轴夹角为 $\arccos\beta$,如图 1.1 所示。

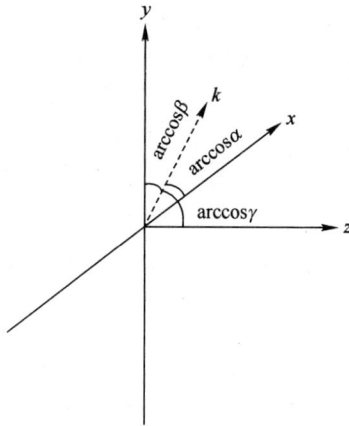

图 1.1 方向余弦 α、β 和 γ 的描述

球面波是另一个最简单的波场。球面波是形状为球形的波前,可以是会聚的或发散的。波的能量均匀分布在面积为 $4\pi R^2$ 的球面上,其中 R 是波前的曲率半径。能量守恒要求振幅与 R^{-1} 成正比。球面波表达式为

$$U_S(\boldsymbol{r}) = A\frac{\exp[\,\mathrm{i}kR(\boldsymbol{r})\,]}{R(\boldsymbol{r})} \tag{1.47}$$

如果球心位于 $\boldsymbol{r}_c = (x_c, y_c, z_c)$,那么在观察点 $\boldsymbol{r} = (x, y, z)$,曲率半径为

$$R(\boldsymbol{r}) = \sqrt{(x-x_c)^2 + (y-y_c)^2 + (z-z_c)^2} \tag{1.48}$$

在光学中,主要关注离轴非常近的空间区域,这种情况称为傍轴近似,并假设波沿 z 轴正方向传播,这一近似在数学上表示为

$$\arccos\alpha \ll 1 \tag{1.49}$$

$$\arccos\beta \ll 1 \tag{1.50}$$

根据这一近似,将曲率半径扩展为泰勒级数来消除平方根,并只保留前两项,得

$$R(\boldsymbol{r}) \approx \Delta z\left[1 + \frac{1}{2}\left(\frac{x-x_c}{\Delta z}\right)^2 + \frac{1}{2}\left(\frac{y-y_c}{\Delta z}\right)^2\right] \tag{1.51}$$

式中:定义 $\Delta z = |z - z_c|$。

根据傍轴近似,球面波近似为

$$U_S(\boldsymbol{r}) \approx A\frac{\mathrm{e}^{\mathrm{i}k\Delta z}}{\Delta z}\mathrm{e}^{\mathrm{i}\frac{k}{2\Delta z}[(x-x_c)^2 + (y-y_c)^2]} \tag{1.52}$$

最后一个经常在光学中遇到的简单行波是高斯光束波,具有高斯振幅轮廓和"傍轴球面"波前。完整推导高斯光束解一直引用傍轴近似,推导过程可以在普通激光科教书中找到,如文献[2,3]。高斯光束波对应的解为

$$U_G(\boldsymbol{r}) = \frac{A}{q(z)} \exp\left[ik \frac{x^2+y^2}{2q(z)}\right] \tag{1.53}$$

式中

$$\frac{1}{q(z)} = \frac{1}{R(z)} + \frac{i\lambda}{\pi W^2(z)} \tag{1.54}$$

光束半径和波前曲率半径为

$$W^2(z) = W_0^2\left[1 + \left(\frac{\lambda z}{\pi W_0^2}\right)^2\right] \tag{1.55}$$

$$R(z) = z\left[1 + \left(\frac{\pi W_0^2}{\lambda z}\right)^2\right] \tag{1.56}$$

式中:W_0 为最小光斑半径。

在 z 轴上任意点,$W(z)$ 是场振幅的 $1/e$ 半径。同理,根据这一约定,$W(0) = W_0$,因此最小光斑半径位于 $z = 0$ 处。

1.3 标量衍射理论

光源通常不是简单的平面、球面或高斯光束波。对于更一般的情况,必须使用更老练的方法来求解标量赫姆霍兹方程,需要利用格林定理并灵活使用边界条件。这一过程不在这里详细讨论,但是感兴趣的读者可以查阅书籍得到详细的求解过程,如文献[4,5]。

更一般情况的几何结构如图 1.2 所示。图中,源平面坐标为 $\boldsymbol{r}_1 = (x_1, y_1)$,观察平面坐标为 $\boldsymbol{r}_2 = (x_2, y_2)$,两平面之间距离为 Δz。该图阐明了基本问题,即:给定源平面光场 $U(x_1, y_1)$ 情况下,观察平面光场 $U(x_2, y_2)$ 是如何分布的?答案由菲涅耳衍射积分方程给出

$$U(x_2, y_2) = \frac{e^{ik\Delta z}}{i\lambda \Delta z} \int_{-\infty}^{\infty} \int_{-\infty}^{\infty} U(x_1, y_1) e^{i\frac{k}{2\Delta z}[(x_1-x_2)^2 + (y_1-y_2)^2]} dx_1 dy_1 \tag{1.57}$$

需要注意的是,这不是最一般性的解。事实上,这是一个傍轴近似,但是该解的一般性和准确性已经满足本书的要求。

式(1.57)只有少量的解析解,其中通过方形孔径的菲涅耳衍射作为特别的实例在第 6~8 章会经常用到。由于其他的菲涅耳衍射问题几乎都不具有解析答案,所以通过方形孔径的菲涅耳衍射解析解经常用于与若干实例的模拟数值结果进行比较。当源场为

$$U(x, y) = \text{rect}\left(\frac{x_1}{D}\right) \text{rect}\left(\frac{y_1}{D}\right) \tag{1.58}$$

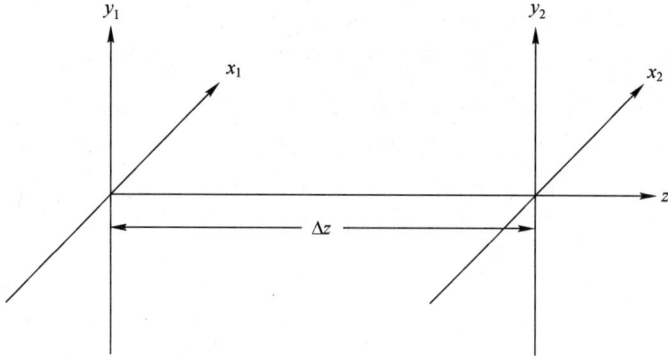

图 1.2 光波传播的坐标系统

（关于 rect 函数的定义，见附录 A）可给出距离为 Δz 的观察平面衍射场：

$$U(x_2,y_2) = \frac{\mathrm{e}^{ik\Delta z}}{\mathrm{i}\lambda\,\Delta z}\int_{-D/2}^{D/2}\int_{-D/2}^{D/2}\mathrm{e}^{\mathrm{i}\frac{k}{2\Delta z}[(x_1-x_2)^2+(y_1-y_2)^2]}\,\mathrm{d}x_1\mathrm{d}y_1 \qquad (1.59)$$

求解这一积分的详细步骤可参考傅里叶光学教科书，如古德曼傅里叶光学[5]。利用菲涅耳正弦和余弦积分得到的解为

$$U(x_2,y_2) = \frac{\mathrm{e}^{ik\Delta z}}{2\mathrm{i}}\{[C(\alpha_2)-C(\alpha_1)]^2+\mathrm{i}[S(\alpha_2)-S(\alpha_1)]^2$$
$$\times[C(\beta_2)-C(\beta_1)]^2+\mathrm{i}[S(\beta_2)-S(\beta_1)]^2\} \qquad (1.60)$$

式中

$$\alpha_1 = -\sqrt{\frac{2}{\lambda\,\Delta z}}\left(\frac{D}{2}+x_2\right) \qquad (1.61)$$

$$\alpha_2 = \sqrt{\frac{2}{\lambda\,\Delta z}}\left(\frac{D}{2}-x_2\right) \qquad (1.62)$$

$$\beta_1 = -\sqrt{\frac{2}{\lambda\,\Delta z}}\left(\frac{D}{2}+y_2\right) \qquad (1.63)$$

$$\beta_2 = \sqrt{\frac{2}{\lambda\,\Delta z}}\left(\frac{D}{2}-y_2\right) \qquad (1.64)$$

在式(1.60)中，$S(x)$ 和 $C(x)$ 分别为菲涅耳衍射正弦和余弦积分：

$$S(x) = \int_0^x \sin\left(\frac{\pi t^2}{2}\right)\mathrm{d}t \qquad (1.65)$$

$$C(x) = \int_0^x \cos\left(\frac{\pi t^2}{2}\right)\mathrm{d}t \qquad (1.66)$$

9

计算该解的 MATLAB 代码在附录 B 中给出。

准确地数值求解菲涅耳衍射积分是相当困难的。这些困难主要是由于在有限尺寸网格上使用了离散采样,这是数字计算机上求解积分所必需的,这些问题的基本分析将在第 2 章中进行讨论。实际上,第 2 章的主要内容是傅里叶变换,因为傅里叶变换经常出现在标量衍射理论中。式(1.57)可以写成傅里叶变换的形式,这是可取的,因为分立傅里叶变换的计算效率是非常高的。

在第 2 章讨论分立傅里叶变换之后,将在第 3 章讨论若干可以被写成傅里叶变换的基本计算。第 4 章将展示傅里叶变换在本书中第一个光学应用,研究自由空间远距离传播问题和透镜问题。在这些问题中,允许对式(1.57)进行简化。例如,假设传播距离 Δz 非常远,可以近似认为式(1.57)中的二次相位因子是平的。具体来说,必须使 $\Delta z > 2D^2\lambda$,其中 D 是源平面场最大空间范围[5],这一近似称为夫琅和费近似,将导出夫琅和费衍射积分:

$$U(x_2,y_2) = \frac{e^{ik\Delta z}}{i\lambda\Delta z} \int_{-\infty}^{\infty} \int_{-\infty}^{\infty} U(x_1,y_1) e^{i\frac{k}{2\Delta z}(x_1x_2+y_1y_2)} \, dx_1 dy_1 \tag{1.67}$$

假设一平面波通过不透明屏幕上的双狭缝孔径来完成一个夫琅和费衍射图样。根据两个矩形狭缝,刚刚经过屏幕的场为

$$U(x_1,y_1) = \left[\text{rect}\left(\frac{x_1-\Delta x/2}{D_x}\right) + \text{rect}\left(\frac{x_1+\Delta x/2}{D_x}\right) \right] \text{rect}\left(\frac{y_1}{D_y}\right) \tag{1.68}$$

式中:狭缝在 x_1 方向的宽度为 D_x,在 y_1 方向的宽度为 D_y,并且狭缝中心间距 $\Delta x > D_x$。得到的观察平面场为

$$U(x_2,y_2) = \frac{e^{ik\Delta z}}{i\lambda\Delta z} \int_{-\infty}^{\infty} \int_{-\infty}^{\infty} \left[\text{rect}\left(\frac{x_1-\Delta x/2}{D_x}\right) + \text{rect}\left(\frac{x_1+\Delta x/2}{D_x}\right) \right]$$

$$\times \text{rect}\left(\frac{y_1}{D_y}\right) e^{i\frac{k}{2\Delta z}(x_1x_2+y_1y_2)} \, dx_1 dy_1 \tag{1.69}$$

$$= \frac{e^{ik\Delta z}}{i\lambda\Delta z} \left[\int_{-(\Delta x+D_x)/2}^{(-\Delta x+D_x)/2} e^{i\frac{k}{2\Delta z}x_1x_2} \, dx_1 + \int_{(\Delta x-D_x)/2}^{(\Delta x+D_x)/2} e^{i\frac{k}{2\Delta z}x_1x_2} \, dx_1 \right]$$

$$\times \int_{-D_y/2}^{D_y/2} e^{i\frac{k}{2\Delta z}y_1y_2} \, dy_1 \tag{1.70}$$

$$= e^{ik\Delta z}\frac{2D_xD_y}{\lambda\Delta z} \sin\left(\frac{\pi\Delta x x_2}{2\lambda\Delta z}\right) \text{sinc}\left(\frac{D_xx_2}{2\lambda\Delta z}\right) \text{sinc}\left(\frac{D_yy_2}{2\lambda\Delta z}\right) \tag{1.71}$$

若使用完全相干照明,像这样的双狭缝孔径对于研究部分相干源是非常有用的[6]。

涉及夫琅和费(第 4 章)和菲涅耳(第 6~8 章)衍射的更多问题将在本书后面

部分进行研究和模拟。

1.4 习题

1. 使用麦克斯韦方程证明,真空传播的平面波满足

$$E = -\frac{c^2}{2\pi\nu}k\times B \tag{1.72}$$

2. 使用麦克斯韦方程证明,真空传播的平面波满足

$$B = \frac{1}{2\pi\nu}k\times E \tag{1.73}$$

3. 发散球面波是狄拉克 δ 函数源的结果。证明将源场 $U(r_1) = \delta(r_1)$ 代入菲涅耳衍射积分,观察平面场 $U(r_2)$ 是傍轴球面波。

4. 写出圆柱坐标下标量波动方程,并证明球面波是方程的解。

5. 假设下式给出的球面波是源平面光场,将其代入式(1.57)中,计算观察平面光场 $U(r_2)$。

$$U(r_1) = A\frac{e^{ikR_1}}{R_1}e^{i\frac{k}{2R_1}[(x-x_c)^2+(y-y_c)^2]} \tag{1.74}$$

6. 假设单色均匀振幅平面波通过圆环形孔径,并且刚刚通过孔径的场给定如下:

$$U(r_1) = \mathrm{circ}\left(\frac{2r_1}{D_{out}}\right) - \mathrm{circ}\left(\frac{2r_1}{D_{in}}\right) \tag{1.75}$$

式中: $D_{out} > D_{in}$。试使用夫琅和费衍射积分来计算远距离观察平面场。

第 2 章 数字傅里叶变换

正如在第 1 章中讨论的,标量衍射理论是波动光学模拟的物理基础。这一理论基础的结果是将电磁波在真空中的传播作为线性系统进行处理。对于单色波,系统观察平面的电场矢量是源平面电场矢量和自由空间脉冲响应的卷积[5]。因此,线性系统理论和傅里叶分析是研究波动光学必不可少的工具。这些问题将在第 4 章及其之后章节中进行讨论。在这些章节中,使用分立傅里叶变换获得模拟的有效计算算法。首先,必须对基本计算算法进行讨论。

在科学和工程的许多领域中,研究复杂光学系统遇到的大多数问题是难以获得解析解。因此,大多数与光学系统内部运转和性能有关的计算都通过计算机数值模拟来进行。采样理论和分立傅里叶变换(DFT)理论为进行这类模拟的光学研究者提供了许多重要的课程。通过考虑计算对采样函数施加的限制,可以从波动光学传播的数值模拟过程中得到很多启发。

2.1 数字傅里叶变换基本原理

这一节涉及与解析结果相对应的计算 DFT 的基本原理。其中包括合理的比例缩放、空间和空间坐标的正确使用和 DFT 软件的使用。

2.1.1 傅里叶变换:从解析到数值

已经存在一些常见的定义 FT 操作及其逆操作的惯例。本书定义空间函数 $g(x)$ 的连续 FT $G(f_x)$ 及其逆变换如下:

$$G(f_x) = \mathcal{F}\{g(x)\} = \int_{-\infty}^{\infty} g(x) e^{-i2\pi f_x x} dx \quad (2.1)$$

$$g(x) = \mathcal{F}^{-1}\{G(f_x)\} = \int_{-\infty}^{\infty} G(f_x) e^{i2\pi f_x x} df_x \quad (2.2)$$

式中:x 为空间变量;f_x 为空间频率变量。

使 FT 离散化的第一步是将积分改写成黎曼和的形式:

$$G(f_{x_m}) = \mathcal{F}\{g(x_n)\} = \sum_{n=-\infty}^{\infty} g(x_n) e^{-i2\pi f_{x_m} x_n} (x_{n+1} - x_n) \quad (m = -\infty, \cdots, +\infty) \quad (2.3)$$

12

式中:n,m 为整数。

计算机运算只可以在有限的采样数 N 之内工作,而本书只讨论偶数 N,原因将在后面进行讨论。另外,DFT 软件通常需要一个固定的采样间隔。采样间隔为 δ,所以 $x_n = n\delta$,频率域间隔为 $\delta_f = 1/(N\delta)$,这样 $f_{x_m}\delta_f = m/(N\delta)$。式(2.3)改写为

$$G\left(\frac{m}{N\delta}\right) = \mathcal{F}\{g(n\delta)\} = \delta \sum_{n=-N/2}^{N/2-1} g(n\delta)e^{-i2\pi mn/N} \quad (m = -N/2, 1-N/2, \cdots, N/2-1)$$

$$(2.4)$$

最后一步是为 DFT 软件的采样进行格式化。这类软件可用于多种编程语言,本书的实例使用 MATLAB 脚本语言,在其核心函数库中有 DFT 常用程序[7]。其他编程语言,如 C、C++、FORTRAN 和 Java,在其核心函数库里没有 DFT 常用程序,但是在许多书里都叙述了 DFT 的算法[8],并且 DFT 软件很容易从第三方供应商获得[9-11]。MATLAB 使用正向索引(也称为从 1 开始的索引)。为说明正向索引,加和中的空间采样顺序必须重新排列:

$$g_{n'} = \begin{cases} g\left[\left(n'+\dfrac{N}{2}\right)\delta\right] & \left(n'=1,2,\cdots,\dfrac{N}{2}+1\right) \\ g\left[(n'-N-2)\delta\right] & \left(n'=\dfrac{N}{2}+2,\dfrac{N}{2}+3,\cdots,N\right) \end{cases}$$

$$(2.5)$$

对于一维 DFT,这意味着在空间域内循环移动采样,使得原点对应第一采样,如图 2.1 所示。

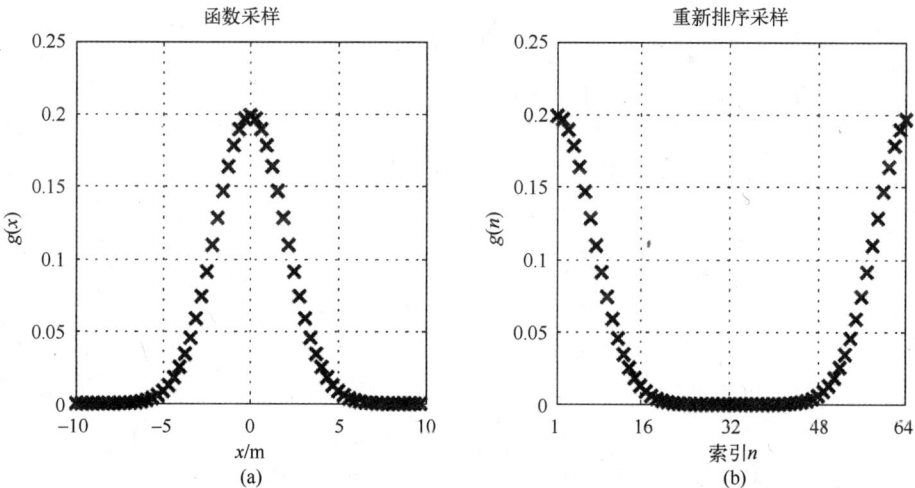

图 2.1 DFT 准备过程中空间域重新排列采样的图示。图(a)显示空间域的高斯函数。图(b)显示重新排列的图(a)中的采样。重新排列本质上循环移动了采样,从而原点对应第一元素

空间采样的重新排列意味着空间频率域的采样也将变得无序。将空间频率的新索引标号为 m'，最终导出 DFT 公式的形式：

$$G_{m'} = \delta \sum_{n=1}^{N} g_{k'} \mathrm{e}^{-\mathrm{i}2\pi(m'-1)(n'-1)/N} \quad (m' = 1, 2, \cdots, N) \tag{2.6}$$

除了乘以 δ，MATLAB 的 DFT 软件通常可以计算式(2.6)中的全部内容，剩余部分留给使用者自行进行计算。

2.1.2 傅里叶逆变换：从解析到数值

分立 IFT(DIFT)操作与 DFT 非常相似。如前所述，第一步是将式(2.2)中的积分写成黎曼和的形式，即

$$g(x_n) = \mathcal{F}^{-1}\{G(f_{x_m})\} = \sum_{m=-\infty}^{\infty} G(f_{x_m}) \mathrm{e}^{\mathrm{i}2\pi f_{x_m} x_n}(f_{x,m+1} - f_{x,m}) \quad (n = -\infty, \cdots, \infty)$$

$$\tag{2.7}$$

再根据有限采样数 N 和频率域的相同采样间隔 $\delta_f = 1/(N\delta)$，将加和改写为

$$g(n\delta) = \mathcal{F}^{-1}\{G(f_{x_m})\} = \delta_f \sum_{m=-N/2}^{N/2-1} G\left(\frac{m}{N\delta}\right) \mathrm{e}^{\mathrm{i}2\pi mn/N} \quad (n = -N/2, 1-N/2, \cdots, N/2-1)$$

$$\tag{2.8}$$

然后使用正向索引导出相似于 DFT 的采样重新排列，结果为

$$g_{n'} = \frac{1}{N\delta} \sum_{m'=1}^{N} G_{m'} \mathrm{e}^{\mathrm{i}2\pi(m'-1)(n'-1)/N} \quad (n' = 1, 2, \cdots, N) \tag{2.9}$$

除了乘以 δ^{-1}，DFT 软件通常可以计算式(2.9)中的所有项。

2.1.3 在软件中运行分立傅里叶变换

MATLAB 是提供 DFT 功能的众多应用软件之一[9-11]。具体地，MATLAB 包括利用快速傅里叶变换算法(FFT)运行一维 DFT 的函数 fft 和 ifft。FFT 算法只对等于 2 的整数幂的 N 值有效，这是目前的普遍惯例，但是由于像 FFTW(Fastest Fourier Transform in the West)这样尖端软件的出现，使用 2 的幂并不再是完全必要的了[9]。当 N 是 2 的幂时，DFT 的计算效率是最大的。虽然与数值大小有关，但其他长度的计算速度近似相同。如前所述，在任何情况下，本书都将讨论限制于偶数 N。程序 2.1 和程序 2.2 给出了利用 fft 和 ifft 计算适度规模 FT 和 IFT 的函数。程序 2.1 利用函数 fftshift 对式(2.6)进行了求值。程序 2.2 利用函数 ifftshift 对式(2.9)进行了求值。

14

程序 2.1　MATLAB 运行 DFT 的代码

```
1    function G = ft( g,delta)
2       % function   G = ft( g,delta)
3       G = fftshift( fft( fftshift( g) ) ) * delta;
```

程序 2.2　MATLAB 运行 DIFT 的代码

```
1    function g = ift( G,delta_f)
2       % function g = ift( G,delta_f)
3       g = ifftshift( ifft( ifftshift( G) ) )…
4          * length( G) * delta_f;
```

程序 2.3 和程序 2.4 给出了利用 ft 和 ift 计算适度规模 DFT 的实例,图 2.2 和图 2.3 给出了结果。在第一个实例中,空间函数及其光谱都是实偶函数。在第二个实例中,空间函数是第一个实例的平移版本,平移的结果是光谱中的非零相位。

程序 2.3　运行 DFT 的 MATLAB 实例,并与解析 FT 做对比。
空间函数是实数与偶函数

```
1    % example_ft_gaussian. m
2
3    % function values to be used in DFT
4    L = 5;
5    N = 32;
6    delta = L/N;
7    X = ( -N/2:N/2-1) * delta;
8    f = ( -N/2:N/2-1)( N * delta) ;
9    a = 1;
10   % sampled function &its DFT
11   g_samp = exp( -pi * a * x.^2) ;
12   g_dft = ft( g_samp,delta) ;
13   % analytic function&its continuous FT
14   M = 1024;
15   x_cont = linspace( x( 1) ,x( end ) ,M) ;
16   f_cont = linspace( x( 1) ,f( end ) ,M) ;
17   g_cont = exp( -pi * a * x_cont.^2) ;
18   g_ft_cont = exp( -pi * f_cont.^2a) a;
```

程序 2.4 运行 DFT 的 MATLAB 实例,并与解析 FT 做对比。 空间函数是实数但非对称的

```
1    % example_ft_gaussian. m
2
3    % function values to be used in DFT
4    L=10;                               % spatial extent of the grid
5    N=64;                               % number of samples
6    delta=LN;                           % sample spacing
7    X=(-N/2:N/2-1) * delta;
8    f=(-N/2:N/2-1)(N * delta);
9    a=1;
10   % sampled function &its DFT
11     g_samp=exp(-pi * a * (x-x0). ^2);   % function samples
12     g_dft=ft(g_samp,delta);            % DFT
13   % analytic function&its continuous FT
14   M=1024;
15   x_cont=linspace(x(1),x(end),M);
16   f_cont=linspace(f(1),f(end),M);
17   g_cont=exp(-pi * a * (x_cont. -x0). ^2);
18   g_ft_cont=   exp(-i * 2 * pi * x0 * f_cont)…
19     . * exp(-pi * f_cont. ^2a)a;
```

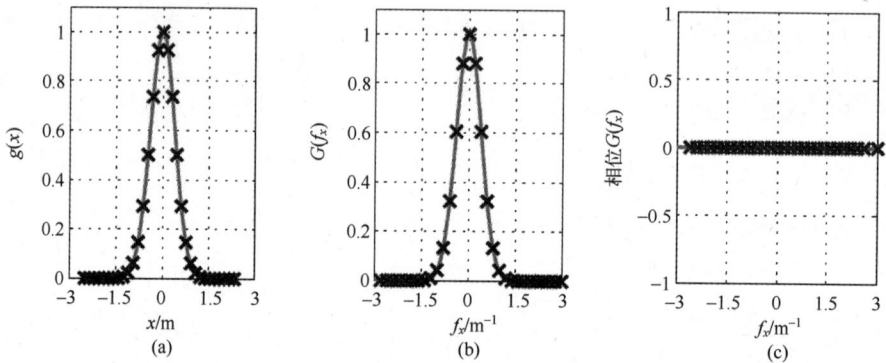

图 2.2 高斯函数及其适度规模的 DFT,与其解析对应图一同绘出

图 2.2 显示高斯函数的 DFT 值与解析 FT 值匹配得非常好。最明显的偏离位于 $f_x=0$。然而,如果初始函数是由图 2.2 中显示的 DFT 值合成的,位于 $f_x=0$ 的任何错误将只影响合成函数的平均值,而不影响结构。

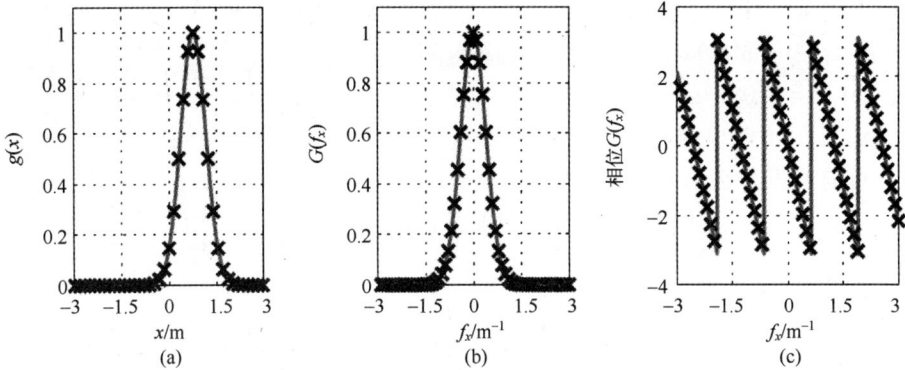

图 2.3　平移高斯函数及其适度规模的 DFT,与其解析对应图一同绘出
(a) 空间函数及其采样值;(b) 解析 FT 的模数和 DFT 的模数;(c) FT 的解析相位和 DFT 相位。

图 2.3 显示平移高斯函数的 DFT 值与解析 FT 值匹配得非常好。空间平移使得高斯脉冲向网格的边缘移动。结果,网格不得不通过加倍采样拓展到图 2.2 所示尺寸的两倍。如果不增加采样的数量,空间频率域的相位将只与位于光谱中心的解析结果相匹配。

2.2　采样纯频率函数

获得 FT 和基于 FT 运算准确结果的一个非常重要的问题是确定必要的网格间隔 δ 和格点数 N。这是图 2.2 和图 2.3 之间非常重要的区别。平移高斯信号的最高有效频率高于中心高斯信号的最高有效频率。相应地,平移高斯信号需要更多的采样来充分表征光谱。这一要求的原因将在本节讨论。

惠特克-香农采样定理规定光谱成分不高于 f_{max} 的带限信号可以由均匀间隔 $\delta_c = 1/(2f_{max})$ 的采样值唯一确定[5,12],奈奎斯特采样频率定义为 $f_c = 1/\delta_c = 2f_{max}$。采样频率高于 f_c 的要求称为奈奎斯特采样准则,这意味着,对于信号的最高频率成分,每个周期必须至少存在两个采样。如果采样间隔大于 δ_c,将不可能唯一重建每一个频率成分,这可能是 DFT 的一个问题。

阐述采样结果最简单的方法是使用纯正弦信号。下面的讨论可以拓展到任意傅里叶积分表征的傅里叶变换信号。这一节使用如下形式的信号阐述与这一理论有关的一些采样问题。

$$g(x) = \cos(2\pi f_0 x) \tag{2.10}$$

在这一类的信号中,频率为 f_0,周期为 $T = 1/f_0$,每个周期对应两个采样所要求的网格间隔为 $\delta_c = 1/(2f_0)$。

图 2.4 显示了正弦信号,实线所示特定信号的频率为 $6m^{-1}$,× 显示的信号采样间隔为 $\delta_0 = 1/12m = 0.0833m$,采样全部位于信号的波峰和波谷。如果现在给定了这些采样而不知道采样是根据什么信号画出的,我们能唯一确定这一信号吗? 实际上,有很多其他的正弦信号可以产生这些采样。例如,$\cos(4\pi f_0 x)$ 可产生显示的采样,然而没有频率低于 f_0 的信号可以产生这些采样。而且,唯一满足奈奎斯特准则的信号是 f_0。由此可知,如果给定了这些采样和采样满足奈奎斯特准则的事实,可以唯一确定这一信号。

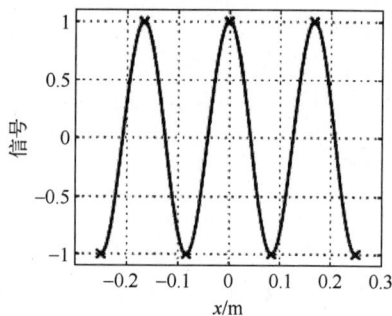

图 2.4 合理采样的正弦信号的实例。没有更低频率的信号可以产生图中所示的采样

作为一个相反的实验,假设在不满足奈奎斯特准则的网格上对正弦信号进行采样。图 2.5 显示了这样的两个信号。在图(a)中,黑实线显示频率为 $f_1 = 6m^{-1}$ 的余弦信号。对这个信号合理采样要求 $1/12m = 0.0833m$ 的采样间隔。黑色方块显示间隔为 $\delta = 1/8m = 0.125m$ 的信号采样。现在考虑图(a)中的其他信号,灰色虚线显示频率为 $f_2 = 2m^{-1}$ 的信号,灰色×显示其对应采样。两个不同频率信号的采样是相同的。在之前合理采样函数的实例中,只有初始值整数倍的频率(如 f_1)才能

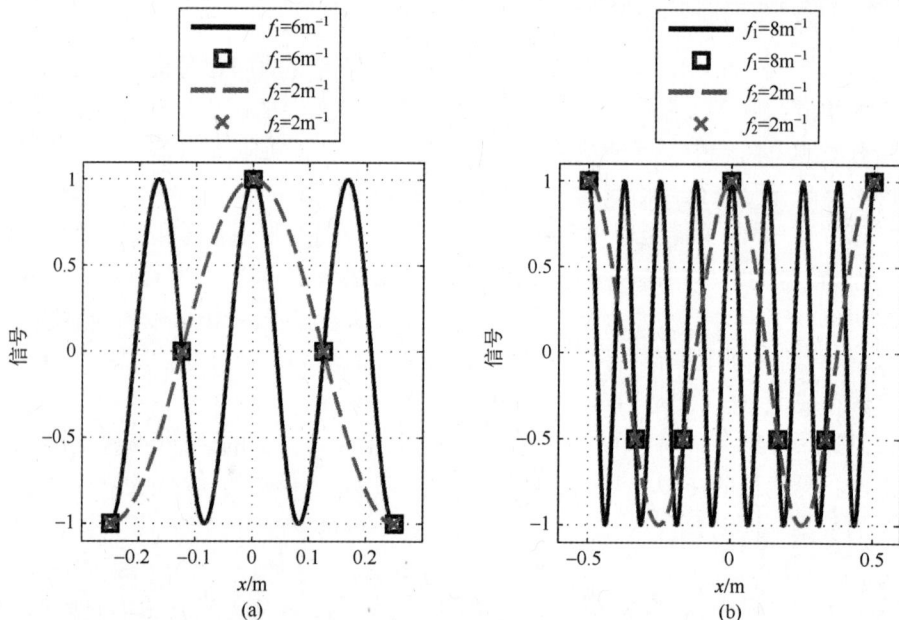

图 2.5 采样过疏的正弦信号(灰线)实例,从两个频率取得的采样是相同的

18

产生给定的采样,尽管这些谐波不是合理采样的。现在,当信号是采样过疏的,至少存在一个更低(并合理采样)的频率可以产生给定的采样。如果给出这些采样并且要求确定信号频率,用合理采样的信号(满足奈奎斯特准则)进行回答,如 $2m^{-1}$,这样的答案将是错误的。

这是一种常见的情况;图(b)显示了另一个采样过疏的实例,采样频率为 $f_1 = 8m^{-1}$,网格间隔为 $1/6m = 0.167m$。灰色虚线显示频率 $f_2 = 2m^{-1}$ 的信号,灰色×显示的采样仍与那些从更高频率信号提取的采样相同。当网格间隔过于稀疏,不合理采样的高频正弦曲线将显示为合理采样的低频率信号,这种效应称为混淆现象。

对于可以写成正弦曲线加和或积分的其他信号,需要知道最高频率成分然后由此计算出网格间隔。如果最高频率是合理采样的,那么所有低频也将是合理采样的。这看上去像一个简单的解决办法,但是本书中的很多实例并没有这么简单易懂,甚至在某些情况下可以(或许应该)放松这一限制。下一节将给出更详细的处理方法。

2.3 分立和连续傅里叶变换的对比

DFT 对与其连续对应物有 3 个重要区别:
(1) 空间域采样;
(2) 有限空间网格;
(3) 空间频率域采样。
当分立计算时,这 3 个属性将导致 3 个相对于连续 FT 对的失真:
(1) 空间频率域的混淆现象;
(2) 空间频率域的波纹和拖尾;
(3) 空间域的虚拟周期性复制。
随着布里格姆方法的发展,这些效应将在这里更加正式地进行阐述[8]。设已知的 FT 对为

$$g(x) \Leftrightarrow G(f_x) \qquad (2.11)$$

并设这些函数的采样版本分别变为

$$\widetilde{g}(x) = \widetilde{G}(f_x) \qquad (2.12)$$

下面的公式拓展了采样 FT 对。图 2.6 显示了绘图的拓展过程。这些图使用如下形式的 FT 对实例来阐述离散化的影响。

$$g(x) = \exp(-a|x|) \qquad (2.13)$$

$$G(f_x) = \frac{1}{a} \frac{2}{1 + (2\pi f_x/a)^2} \qquad (2.14)$$

如此举例是为了阐述的目的,观察到的影响将与其他任意 FT 对相同。式(2.13)和式(2.14)的曲线显示在图2.6(a)和(b)中,$a = 10\mathrm{m}^{-1}$,光谱的峰值为0.2。

为了离散化,$g(x)$通过乘以一个间隔为 δ 的梳状函数进行采样。空间域的乘法等于空间频率域的卷积(关于卷积的讨论,见第3章),式(2.11)中的 FT 对将变换为

$$g(x)\frac{1}{\delta}\mathrm{comb}\left(\frac{x}{\delta}\right) \Leftrightarrow G(f_x)\otimes\mathrm{comb}(\delta f_x) \qquad (2.15)$$

图2.6(c)和(d)显示了 $\delta = 0.0375\mathrm{m}$ 在空间域采样的影响,这一影响导致空间频率域的周期性复制。在频率谱正负大频率可以明显看到抬升的拖尾,这是人为造成的,不会出现在图2.6(b)所示的解析光谱中。

接下来,有限尺寸 L 网格上表征 $g(x)$ 将 FT 对变换为

$$g(x)\frac{1}{\delta}\mathrm{comb}\left(\frac{x}{\delta}\right)\mathrm{rect}\left(\frac{x}{L}\right) \Leftrightarrow G(f_x)\otimes\mathrm{comb}(\delta f_x)\otimes\left[L\mathrm{sinc}(Lf_x)\right] \qquad (2.16)$$

图2.6(e)和(f)显示了有限采样宽度 $L = 0.6\mathrm{m}$ 的影响。在空间域,$g(x)$ 的拖尾消失了。在空间频率域,光谱被乘以 L 并与 sinc 函数进行卷积,这将引起波纹和拖尾。

最后,DFT 的结果是 $G(f_x)$ 采样值的数组,这将对 FT 对进行最后的修改,得

$$\tilde{g}(x) = \left[g(x)\frac{1}{\delta}\mathrm{comb}\left(\frac{x}{\delta}\right)\mathrm{rect}\left(\frac{x}{\delta}\right)\right]\otimes\left[\frac{1}{L}\mathrm{comb}\left(\frac{x}{L}\right)\right] \qquad (2.17)$$

$$\tilde{G}(f_x) = \left[G(f_x)\otimes\mathrm{comb}(\delta f_x)\otimes L\mathrm{sinc}(Lf_x)\right]\times\mathrm{comb}(Lf_x) \qquad (2.18)$$

空间频率域采样的影响显示在图2.6(g)中,导致空间域的虚拟周期性复制。使用术语"虚拟"是因为在周期性复制的区域不存在实际上的采样。

图2.6(i)和(j)显示最终 DFT 对。曲线(i)只显示输入 DFT 算法的空间域采样,曲线(j)显示 ft 函数的输出。

读者应该注意到有一个影响还没有被讨论。图2.6(h)显示了一个仍然具有无限采样数的频率函数。下一步,将考虑通过在频率域乘以 rect 函数获得有限数量的采样,这将意味着空间域函数是波纹的并被与 sinc 函数的卷积所展宽。然而,我们正考虑一个向前的 FT,所以我们从图2.6(g)所示的黑色采样开始,这一采样进行任意相似的卷积计算开始不再失真。如果现在考虑分立 IFT,可以简单地把曲线(a)、(c)、(e)、(g)和(i)作为频率域函数进行处理。IFT 与向前 FT 的差别只是一个指数信号,不影响失真。因此,如果开始于不失真的频率域函数并运行一个分立的 IFT,空间域函数将会出现周期性复制、波纹,并如图(b)、(d)、(f)、(h)和(j)进行采样。

20

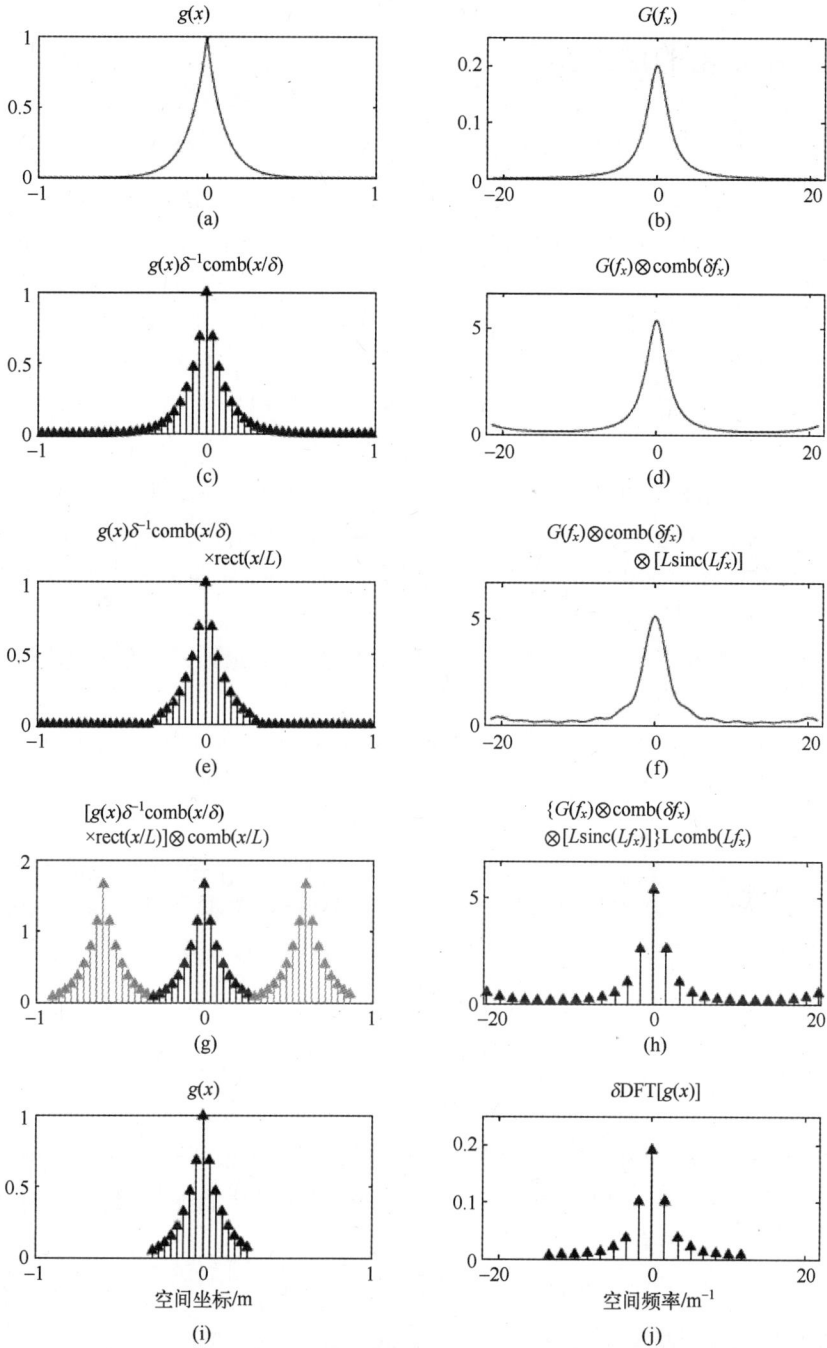

$g(x)$ — (a)

$G(f_x)$ — (b)

$g(x)\delta^{-1}\mathrm{comb}(x/\delta)$ — (c)

$G(f_x)\otimes\mathrm{comb}(\delta f_x)$ — (d)

$g(x)\delta^{-1}\mathrm{comb}(x/\delta)$
$\times\mathrm{rect}(x/L)$ — (e)

$G(f_x)\otimes\mathrm{comb}(\delta f_x)$
$\otimes[L\mathrm{sinc}(Lf_x)]$ — (f)

$[g(x)\delta^{-1}\mathrm{comb}(x/\delta)$
$\times\mathrm{rect}(x/L)]\otimes\mathrm{comb}(x/L)$ — (g)

$\{G(f_x)\otimes\mathrm{comb}(\delta f_x)$
$\otimes[L\mathrm{sinc}(Lf_x)]\}L\mathrm{comb}(Lf_x)$ — (h)

$g(x)$ — (i)

空间坐标/m

$\delta\mathrm{DFT}[g(x)]$ — (j)

空间频率/m^{-1}

图 2.6　DFT 与解析 FT 的绘图拓展过程

21

2.4 分立化的混淆效应

当使用 DFT 近似一个已知函数 $g(x)$ 的连续 FT $G(f_x)$,实际使用的 FT 对是由式 (2.17)和式(2.18)给出的 $\tilde{g}(x)$ 和 $\tilde{G}(f_x)$。DFT 的结果 $\tilde{G}(f_x)$ 是解析结果的一个采样的、带有波纹和混淆现象的版本,这些影响可能被减弱,但通常不能消除。波纹可以通过增加空间网格尺寸 L 来减弱,混淆现象可以通过降低空间网格间隔 δ 来减弱。

图 2.7~图 2.9 阐述了尝试限制波纹和混淆现象的不同结果(相对于图2.6)。在绘制图 2.7 过程中,通过增加 δ 而保持 N 不变,使用了更大的网格。因此,参数 $Lsinc(Lf_x)$ 变得更窄。通过对比图 2.7(f) 和图 2.6(f) 可以看出,波纹被减弱了。但是,从图 2.7(d)中可以看出,增加 δ 意味着参数 $comb(\delta f_x)$ 将具有更窄的间隔,导致混淆现象增强。相反,绘制图 2.8 过程中,使用了更多的采样。因此,N 增加了,δ 减少了,L 保持不变。这种方法通过拉伸参数 $comb(\delta f_x)$ 减弱了混淆现象,但是没有增强波纹。在图 2.8(d)中混淆现象明显减弱,但是在图 2.8(f)中可见波纹并未改变。最后,通过对图 2.7 和图 2.8 的了解,更小的 δ 和更大的 L 被用于绘制图 2.9。这种方法同时减弱混淆现象和波纹,显然是最好的方法,但缺点是需要额外的内存和计算量。

与以上绘图实例不同,一些函数受到严格的带宽限制,这意味着想要变换的函数 $g(x)$ 具有最大的频率 $f_{x,max}$,即

$$G(f_x)= 0 \quad (\,|f_x|>f_{x,max}) \tag{2.19}$$

这一有限空间频率 $f_{x,max}$ 称为 $g(x)$ 的带宽。如在 2.2 节中所讨论的,如果对这样一个连续函数进行采样以使最高频率成分的每个循环都有两个采样,那么连续函数就可以根据光谱严格重建。这种对网格间隔的要求可以表示为

$$\delta \leqslant \frac{1}{2f_{x,max}} \tag{2.20}$$

这在与菲涅耳衍射有关的章节中是一个非常重要的需要考虑的问题。第 7 章将详细讨论这一内容。

正如以上绘图实例,有时一些信号对带宽的限制不很严格,但是对使用者关注多大的带宽有限制。如果正在模拟一个只能以频率 f_s 进行采样的系统,那么采样要求可以与下式有关:

$$\delta \leqslant \frac{1}{f_s+f_{x,max}} \tag{2.21}$$

因此,会出现混淆现象,但不会出现在使用者关注的频率范围内。混淆的频率纠缠在网格的边缘和另一个网格的边缘之间,只在最高频率导致光谱失真。

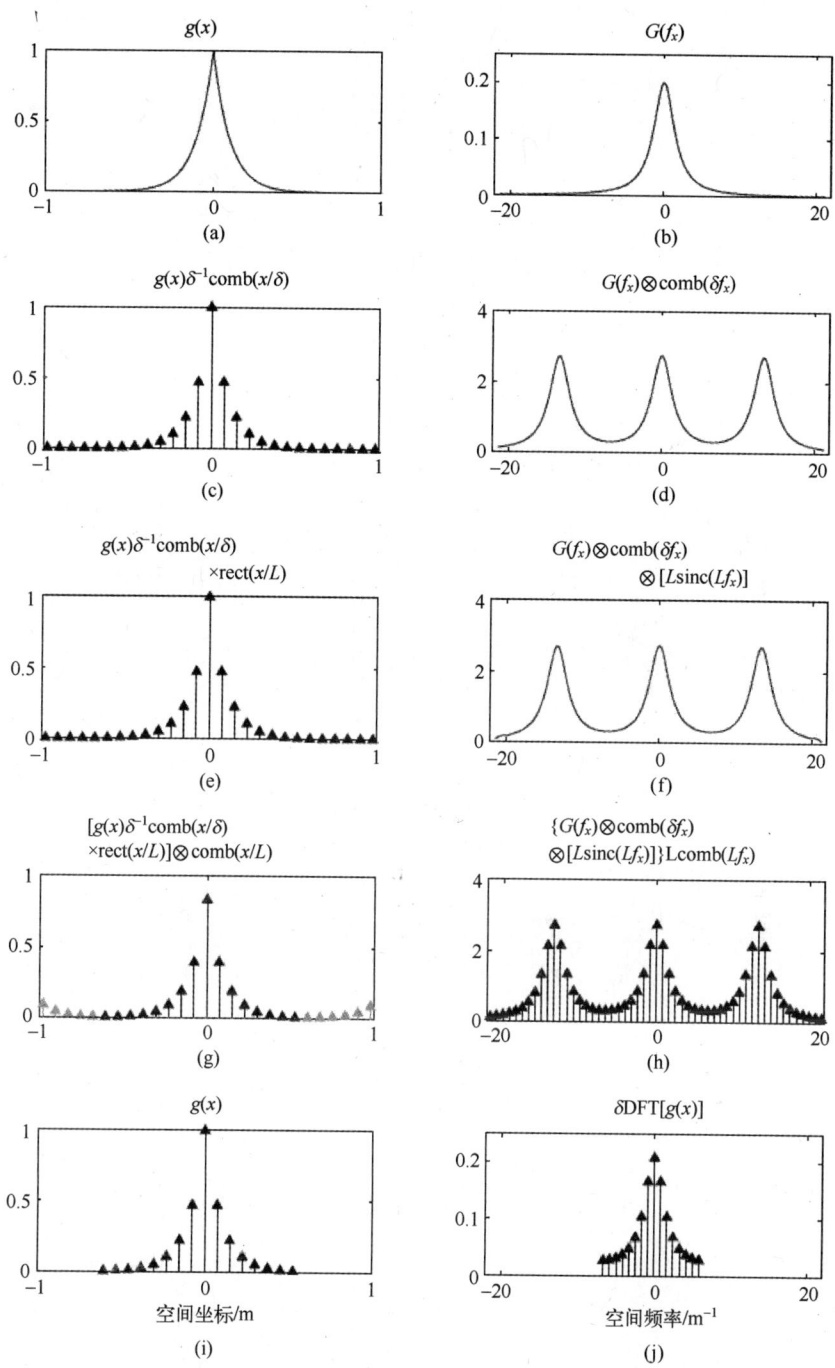

$g(x)$

(a)

$G(f_x)$

(b)

$g(x)\delta^{-1}\mathrm{comb}(x/\delta)$

(c)

$G(f_x)\otimes\mathrm{comb}(\delta f_x)$

(d)

$g(x)\delta^{-1}\mathrm{comb}(x/\delta)$
$\times\mathrm{rect}(x/L)$

(e)

$G(f_x)\otimes\mathrm{comb}(\delta f_x)$
$\otimes[L\mathrm{sinc}(Lf_x)]$

(f)

$[g(x)\delta^{-1}\mathrm{comb}(x/\delta)$
$\times\mathrm{rect}(x/L)]\otimes\mathrm{comb}(x/L)$

(g)

$\{G(f_x)\otimes\mathrm{comb}(\delta f_x)$
$\otimes[L\mathrm{sinc}(Lf_x)]\}L\mathrm{comb}(Lf_x)$

(h)

$g(x)$

空间坐标/m

(i)

$\delta\mathrm{DFT}[g(x)]$

空间频率/m^{-1}

(j)

图 2.7　与图 2.6 相同，但是采用了更大的网格

23

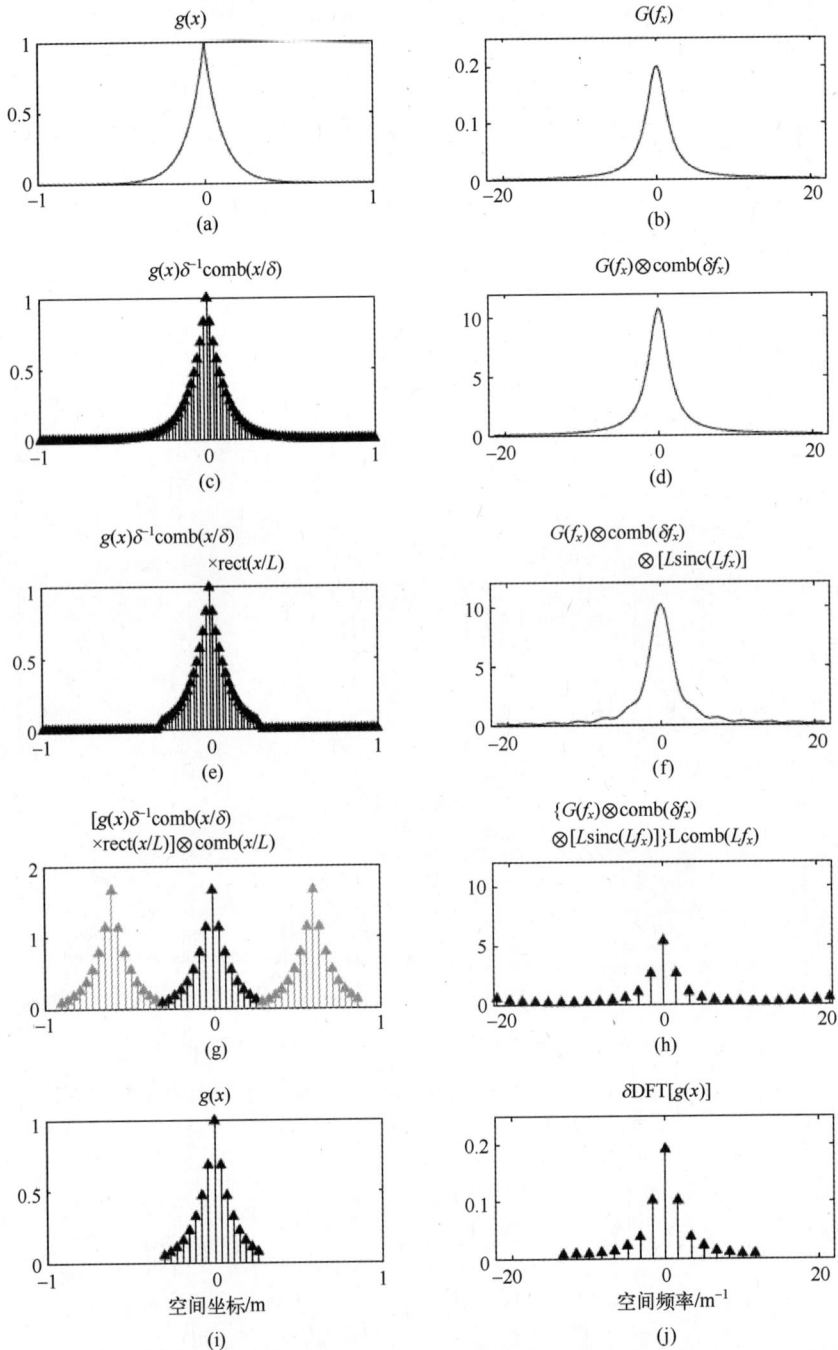

图 2.8　与图 2.6 相同, 但是使用较多采样

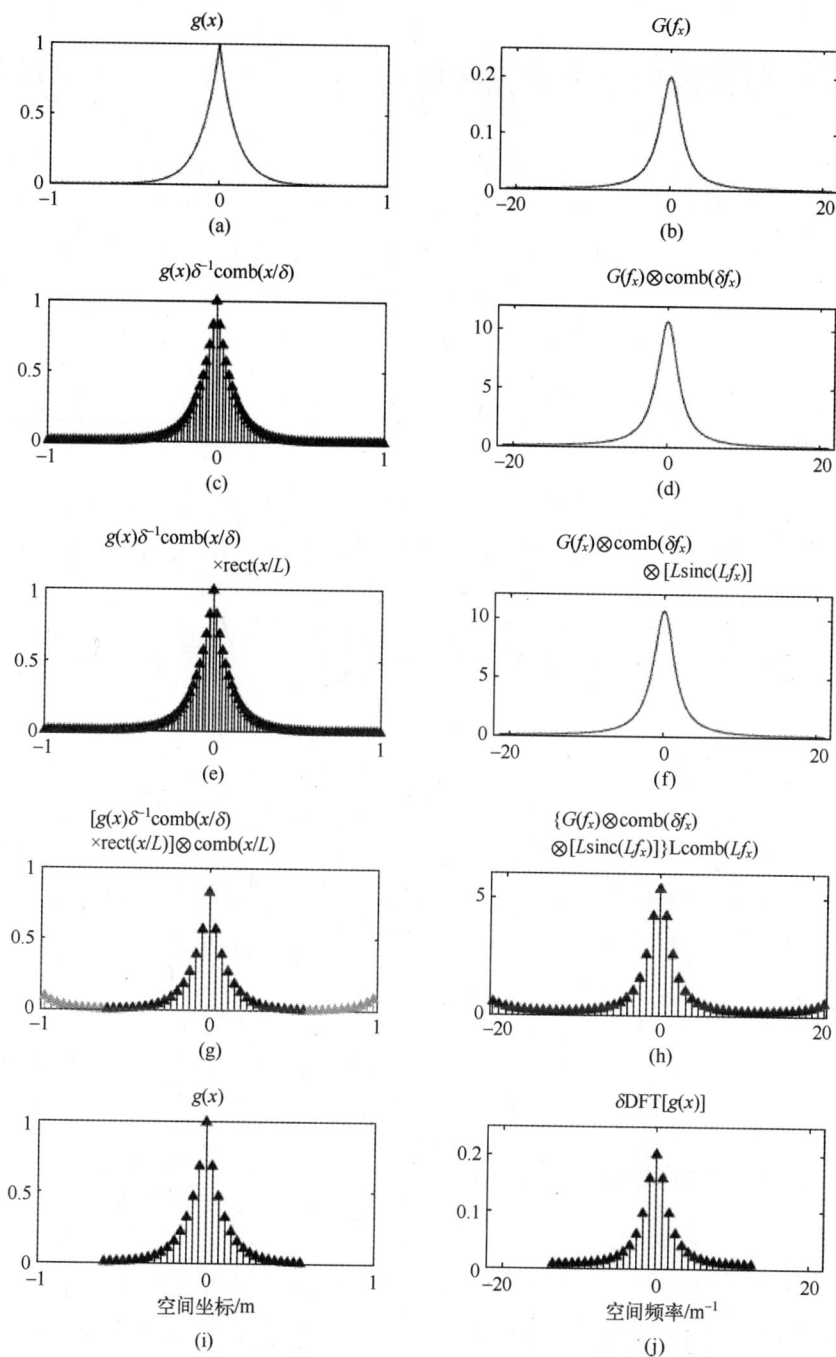

图 2.9 与图 2.6 相同,但是同时使用了更多的采样和更大的网格

25

2.5 信号变换的 3 个研究实例

在光学中,FT 应用于许多类型的具有不同带宽限制的信号中,这一节强调 3 个不同的信号和如何准确计算相应的 DFT,计算这些确定信号的光谱为以后计算未知或随机信号的光谱提供了重要的课程。3 个信号分别为 sinc、高斯和高斯×二次相位,其中第一个信号具有如附录 A 中所述"硬"频带限制,而后两者具有"软"频带限制。每一种情况强调不同的采样方法,这些方法在后面的章节将变得非常重要。

2.5.1 sinc 信号

本书使用的 sinc 信号在附录 A 中进行定义。sinc 信号是固有带限信号的一个典型实例,在信号特定最大频率之后的 FT 值全部为 0。sinc 信号具有如下简单的解析 FT 形式:

$$G(f_x) = \frac{1}{a}\text{rect}\left(\frac{f_x}{a}\right) \tag{2.22}$$

由于知道这一信号的解析 FT,在计算 DFT 之前就知道其最大频率,因此可以在计算 DFT 之前应用奈奎斯特准则进行合理采样。式(2.22)的最大频率为 $a/2$。应用奈奎斯特准则,得到 $\delta \leqslant 1/(2a/2) = 1/a$。可以尝试对略低于这一最大网格间隔(这样频率网格比光谱宽一点)sinc 信号的 DFT 进行计算以证明 DFT 是否有效。

图 2.10 所示为 $a=1.1$ 的 sinc 信号的 DFT。黑色实线显示当网格间隔 $\delta = 0.85/a$ 和 $N=32$ 的结果。在如图 2.10(a)所示的 DFT 振幅里可以看见一个轻微的波纹,这是因为空间网格没有占据该信号完整的空间范围,使用更多的采样(保持固定的网格间隔)可以减少这一波纹。在图 2.10(b)中,频率网格边缘处的 DFT 相位似乎在正确值、0、不正确值和 π 之间跳跃,这是因为 DFT 在边缘的值并不准确为 0,而是微小的负值,这就像在说那些点的相位是 π 弧度。

2.5.2 高斯信号

本书中使用的高斯信号定义如下:

$$g(x) = \exp[-\pi(ax)^2] \tag{2.23}$$

高斯的这一形式出现在常见的傅里叶光学教科书中,如古德曼[5]。高斯是非常接近频带限制信号的一个典型实例,并且由于激光束经常具有高斯振幅轮廓,高斯经常出现在光学中。高斯具有简单的解析 FT 形式:

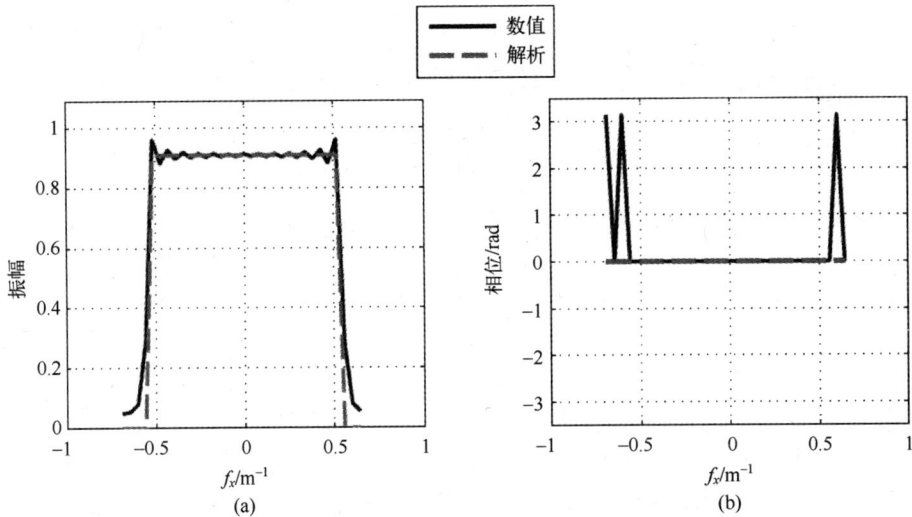

图 2.10 sinc 信号 DFT 的幅度和相位，网格间隔通过应用奈奎斯特准则来确定

$$G(f_x) = \frac{1}{|a|}\exp\left[-\pi\,(f_x/a)^2\right] \tag{2.24}$$

并且 $1/e^2$ 频率显然等于 $f_{e2} = a(2/\pi)^{1/2}$。由于对最大频率的这一定义是任意的，总是可以根据情况选择另一种定义。

由于知道这一信号的解析 FT，在计算 DFT 之前就知道最大频率，因此可以事先应用奈奎斯特准则进行合理采样。使用 $1/e^2$ 频率作为 $f_{x,\max}$，对应最大网格间隔为

$$\delta_{e2} = \frac{1}{2a}\sqrt{\frac{\pi}{2}} \tag{2.25}$$

可以尝试计算高斯信号在这一最大网格间隔的 DFT 以观察 DFT 是否有效。

图 2.11 所示为 $a = 1$ 的高斯信号 DFT，实线显示网格间隔为 δ_{e2} 的结果。由于曲线右边有少量光谱没有被采样捕捉到，并缠绕到了最左侧，所以最左侧采样可观察到混淆现象。可能 $1/e^2$ 不足以得到准确的 DFT。

$1/e^2$ 的近似值为 0.135；尝试数值 p 来代替 $1/e^2$，其中 p 是更小的数值，如 0.01。设定光谱等于 $p\times$峰值，得到在该值下的频率 $f_{x,p}$：

$$p = \exp\left[-\pi(f_{x,p}/a)^2\right] \tag{2.26}$$

$$f_{x,p} = \left[-\left(\frac{a^2}{\pi}\right)\ln p\right]^{1/2} \tag{2.27}$$

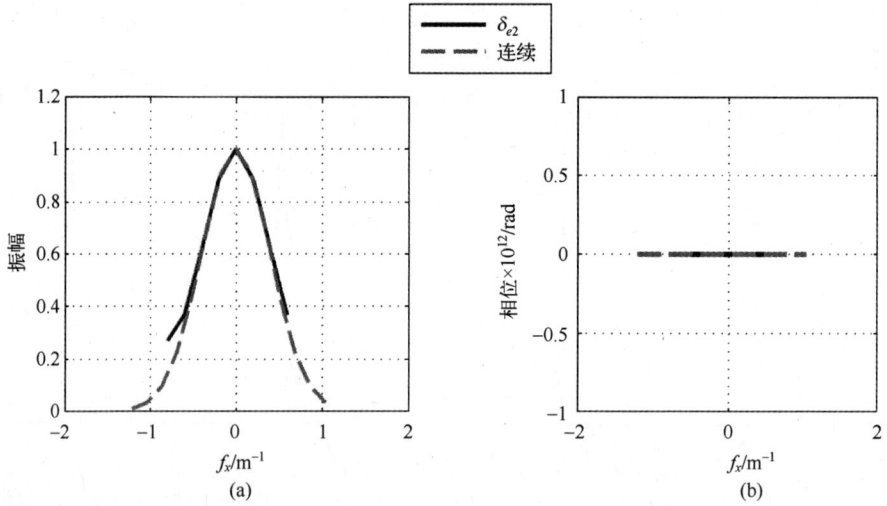

图 2.11　高斯信号 DFT 的幅度和相位。网格间隔通过将奈奎斯特准则
应用于 $1/e^2$ 频率来确定

例如,$f_{x,0.01} = 2.1a/\pi^{1/2}$,$f_{x,0.001} = 2.6a/\pi^{1/2}$。图 2.12 所示为空间间隔对应 $f_{x,0.01}$ 为最大频率的结果。混淆现象在振幅曲线中是不可见的,因为缠绕的那部分光谱数值非常小($0.01×$峰值)。

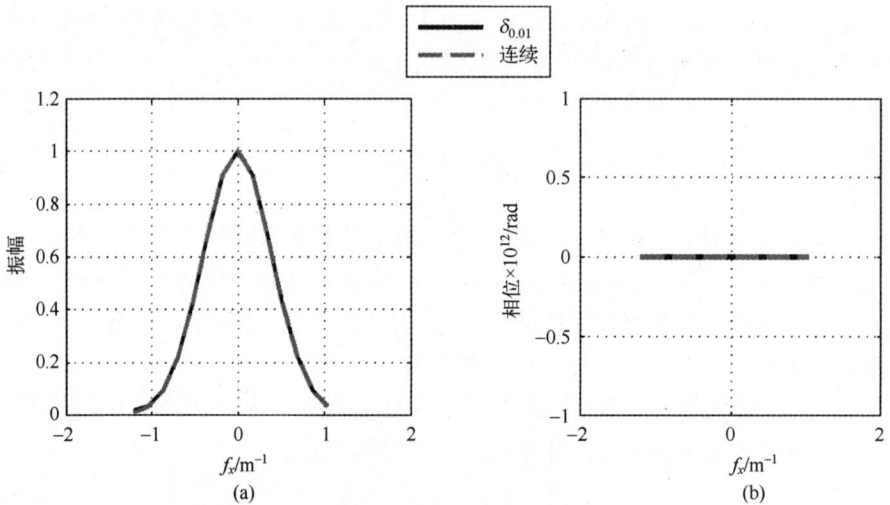

图 2.12　高斯信号 DFT 的幅度和相位,网格间隔通过将奈奎斯准则
应用到 0.01 频率来确定

2.5.3　带二次方相位的高斯信号

在该实例中,向高斯信号添加了一个二次相位因子。带二次方相位的高斯信号定义为

$$g(x) = \exp\left[-\pi(ax)^2\right]\exp\left[i\pi(bx)^2\right] \tag{2.28}$$

这类信号出现在高斯波束的传播过程中。在 3 个研究实例中,这一信号在数学上是最普遍和最复杂的。图 2.13 所示为 $a=0.25$ 和 $b=0.57$ 情况下这一信号的实部和虚部。二次方相位导致信号随 $|x|$ 的增加而快速振荡。然而,高斯的振幅衰减了这一振荡,以至于该信号事实上几乎是带限的。为了对该函数进行充分采样以计算 DFT,首先需要确定光谱的带宽。该信号具有如下解析 FT:

$$G(f_x) = \frac{1}{\sqrt{a^2-b^2}}\exp\left(-\pi\frac{f_x^2}{a^2-b^2}\right) \tag{2.29}$$

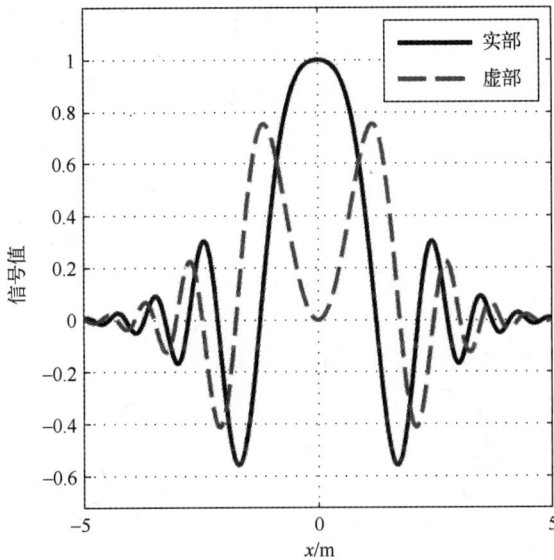

图 2.13　带二次相位高斯函数的实部和虚部

图 2.14 所示为曲率参数 b 对光谱宽度的影响。曲线分别显示了 $a=0.33$ 和 3 个不同 b 值(0.75、1.5 和 2.5)的情况。3 条曲线明确显示随着 b 增加,光谱的宽度也随之增加。事实上,可以利用如下公式由振幅计算带宽:

$$p = \exp\left[-\pi\mathrm{Re}\left(\frac{f_{x,p}^2}{a^2-b^2}\right)\right] \tag{2.30}$$

结果为

$$f_{x,p} = \left[-\left(\frac{a^2 + b^4/a^2}{\pi} \right) \ln p \right]^{1/2} \qquad (2.31)$$

当然,式(2.31)解析地证明 $f_{x,b}$ 随着 b 增加。同时,也要注意到式(2.26)和式(2.27)是式(2.30)和式(2.31)在 $b=0$ 情况下的特例。

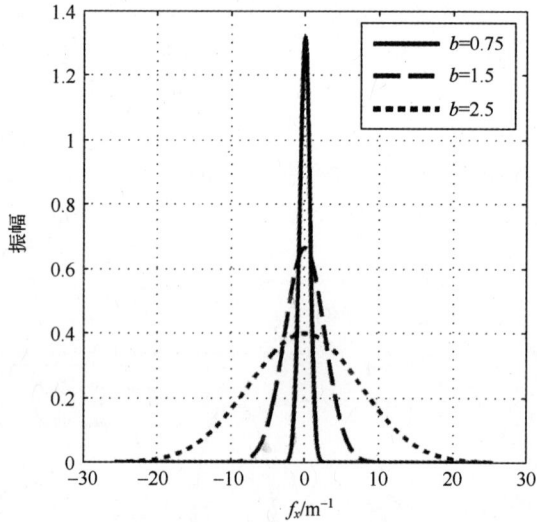

图 2.14 带二次相位高斯信号的光谱幅度,b 值增加明确地增加了信号的带宽

图 2.15 所示为带二次方相位高斯信号的解析 FT 和 DFT,信号具有 $a=0.25$

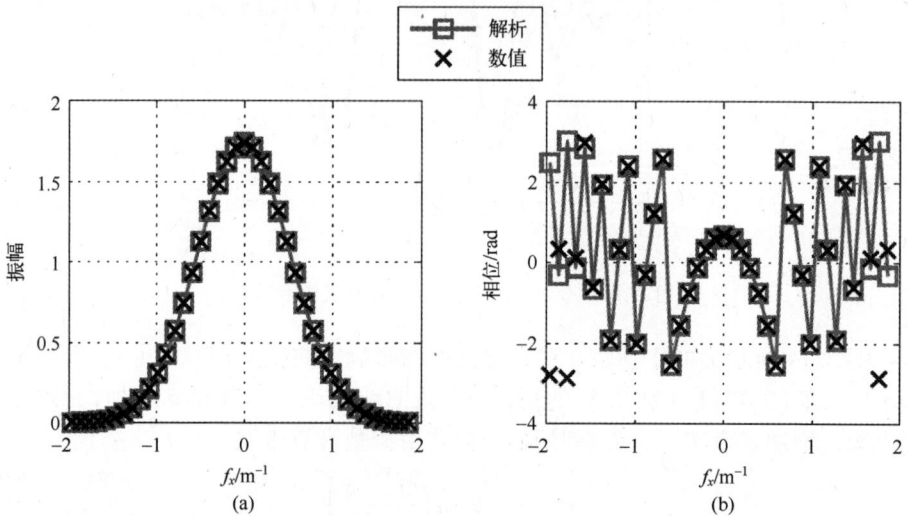

图 2.15 带二次相位高斯信号的 DFT,对应于 $p=0.01$ 的频率被用于计算网格空间

30

和 $b = 0.57$。利用对应于频率 $p = 0.01$ 的网格间隔对该信号进行采样,因此,$f_{x,0.01} = 1.96\mathrm{m}^{-1}$,$\delta = 1/(2f_{x,0.01}) = 0.25\mathrm{m}$,并且只要求 40 个采样。在图中,振幅明显匹配得很好,但是 DFT 相位在空间频率网格的边缘有轻微的不准确。如果正在模拟一个可以采样不快于大约 $1.7\mathrm{m}^{-1}$ 的系统,这是可以接受的。但是如果要求在更高空间频率的准确性,则需要用 $p = 0.001$ 重做模拟。

2.6　二维分立傅里叶变换

根据目前所知,人类生活在三维空间加上时间的四维宇宙。光学涉及沿一个空间维度传播的波,并且通常忽略时间相关性,这使我们的工作集中在与传播方向垂直的二维空间函数上。因此,在光学中经常使用二维 FT[8,13],这事实上是本书剩余部分的中心内容。

为开始研究二维 FT,在这里再次使用一些经过修改的之前章节结果。对式(2.1)和式(2.2)进行改写,将其推广至二维,如

$$G(f_x, f_y) = \mathcal{F}\{g(x,y)\} = \int_{-\infty}^{\infty}\int_{-\infty}^{\infty} g(x,y)\, \mathrm{e}^{-\mathrm{i}2\pi(f_x x + f_y y)}\, \mathrm{d}x\mathrm{d}y \tag{2.32}$$

$$g(x,y) = \mathcal{F}^{-1}\{G(f_x, f_y)\} = \int_{-\infty}^{\infty}\int_{-\infty}^{\infty} G(f_x, f_y)\, \mathrm{e}^{\mathrm{i}2\pi(f_x x + f_y y)}\, \mathrm{d}f_x\mathrm{d}f_y \tag{2.33}$$

然后,对式(2.15)~式(2.18)做如下修改:

$$g(x) \Rightarrow g(x,y) \tag{2.34}$$

$$G(f_x) \Rightarrow G(f_x, f_y) \tag{2.35}$$

$$\mathrm{rect}\left(\frac{x}{a}\right) \Rightarrow \mathrm{rect}\left(\frac{x}{a}\right)\mathrm{rect}\left(\frac{y}{b}\right) \tag{2.36}$$

$$a\,\mathrm{sinc}(af_x) \Rightarrow ab\,\mathrm{sinc}(af_x)\,\mathrm{sinc}(bf_y) \tag{2.37}$$

$$a\,\mathrm{comb}(af_x) \Rightarrow ab\,\mathrm{comb}(af_x)\,\mathrm{comb}(bf_y) \tag{2.38}$$

这一修改将导致如下结果(假设 x 和 y 维网格点数、采样尺寸和间隔相同):

$$\begin{aligned}
\widetilde{g}(x,y) = &\left[g(x,y)\frac{1}{\delta^2}\mathrm{comb}\left(\frac{x}{\delta}\right)\mathrm{comb}\left(\frac{y}{\delta}\right)\mathrm{rect}\left(\frac{x}{L}\right)\mathrm{rect}\left(\frac{y}{L}\right) \right]\\
&\otimes \left[\frac{1}{L^2}\mathrm{comb}\left(\frac{x}{L}\right)\mathrm{comb}\left(\frac{y}{L}\right) \right]
\end{aligned} \tag{2.39}$$

$$\begin{aligned}
\widetilde{G}(f_x, f_y) = &\left[G(f_x, f_y)\otimes\mathrm{comb}(\delta f_x)\mathrm{comb}(\delta f_y)\otimes L^2\mathrm{sinc}(Lf_x)\mathrm{sinc}(Lf_y) \right]\\
&\times \mathrm{comb}(Lf_x)\mathrm{comb}(Lf_y)
\end{aligned} \tag{2.40}$$

程序 2.5、程序 2.6 给出了函数 ft2 和 ift2 的 MATLAB 代码,可分别运行二维的 DFT 和 DIFT。这些函数在本书的剩余部分将频繁使用,是二维卷积、相关、结构函数和光波传播的核心。

程序 2.5 在 MATLAB 软件运行二维 DFT 的代码

```
1   function    G=ft2(g,delta)
2   % function    G=ft2(g,delta)
3   G=fftshift(fft2(fftshift(g)))*delta^2;
```

程序 2.6 在 MATLAB 软件运行二维 DIFT 的代码

```
1   function g=ift2(G,delta_f)
2   % function g=ift2(G,delta_f)
3   N=size(G,1);
4   g=ifftshift(ifft2(ifftshift(G)))*(N*delta_f)^2;
```

2.7 习题

1. 运行 $\mathrm{sinc}(ax)$ 的 DFT 运算,式中 $a=1$ 和 $a=10$。绘制出结果和相应解析傅里叶变换的曲线。

2. 运行 $\exp(-\pi a^2 x^2)$ 的 DFT 运算,式中 $a=1$ 和 $a=10$。绘制出结果和对应解析傅里叶变换的曲线。

3. 运行 $\exp(-\pi a^2 x^2 + \mathrm{i}\pi b^2 x^2)$ 的 DFT 运算,其中 $a=1$ 和 $b=2$。绘制出结果和对应解析傅里叶变换的曲线。

4. 运行 $\mathrm{tri}(ax)$ 的 DFT 运算,其中 $a=1$ 和 $a=10$。绘制出结果和对应解析傅里叶变换的曲线。

5. 运行 $\exp(-a|x|)$ 的 DFT 运算,其中 $a=1$ 和 $a=10$。绘制出结果和对应解析傅里叶变换的曲线。

第 3 章　使用傅里叶变换的简单运算

使用 FT 能够运行许多有用的运算,如相关和卷积。事实上,利用高效运算的 DFT 技术,如 FFT,经常比直接的方法更快地实现运算。接下来的章节将这些工具应用到光学背景中。例如,卷积在第 5 章用于模拟衍射和像差对图像质量的影响,结构函数在第 9 章用于证实湍流相位屏幕的统计结果。

这些工具当中的卷积、相关和结构函数紧密联系并具有相似的数学定义。而且在本章中这 3 个工具将全部写成 FT 的形式。然而,它们的作用却是非常不同的,每一个工具的普遍作用将在接下来的几节中进行解释。这些不同的作用导致各自的运行差别很大。例如,相关和结构函数通常运行透过狭缝的数据。然后,通过修改相关运算来去除狭缝的影响。

本章讨论的最后一个运算是微分。正如本章中其他运算,展示的方法基于 FT 以提高运算效率。该方法随后将推广到计算二维函数的梯度。但是,在后面的章节中不会使用微分和梯度,之所以讨论微分是由于一些读者可能想要计算光学湍流相关课题的微分,如模拟波前探测器的操作。

3.1　卷积

由于以下两个原因,从卷积开始讨论以 FT 为基础的计算。首先,卷积在线性系统理论中起到中心作用[14]。线性系统的输出是输入信号和系统脉冲响应的卷积。在光波传播模拟的背景下,线性系统的形式广泛应用于相干和非相干成像、模拟光学成像处理和自由空间传播。从卷积开始讨论的第二个原因是卷积的实际操作在本章讨论的所有 FT 基计算当中是最简单的。

全书都使用符号 $\otimes$ 表示如下定义的卷积操作:

$$C_{fg}(x) = f(x) \otimes g(x) = \int_{-\infty}^{\infty} f(x')g(x-x')\mathrm{d}x' \tag{3.1}$$

进行卷积的两个函数经常具有明显不同的特征,特别是当卷积应用于线性系统背景中时,一个函数是信号,另一个函数是脉冲响应。在时间域,脉冲响应通常具有短周期,而信号通常具有长得多的周期。在空间域,如光学成像,脉冲响应通常具有窄空间范围,而信号通常占据相对大的区域。卷积操作使得信号轻微的模糊,导致输出信号的周期和范围将稍大于输入信号,这种扩散效应通常要求在数值卷积输入信号的网格边缘填充 0 以避免不受欢迎的周期性人工产物[10]。在本书涉及的信号通常都已经用 0 填充。

卷积的运行从应用卷积定理开始,卷积定理在数学上的定义如下[5]:

$$\mathcal{F}[f(x)\otimes g(x)]=\mathcal{F}[f(x)]\mathcal{F}[g(x)] \tag{3.2}$$

这一有益的数学属性是通常难于计算的卷积积分等于频率域的简单乘积。然后,通过两侧逆傅里叶变换,式(3.1)可以改写为

$$f(x)\otimes g(x)=\mathcal{F}^{-1}\{\mathcal{F}[f(x)]\mathcal{F}[g(x)]\} \tag{3.3}$$

卷积定理在计算上的好处:当利用 FFT 算法时,式(3.3)进行数值求解通常要比式(3.1)所表示的二重和快得多。程序 3.1 给出了利用这一属性的函数 myconv 的 MATLAB 代码。

程序 3.1　在 MATLAB 软件运行一维分立卷积的代码

```
1    function C = myconv( A,B,delta)
2    % function C = myconv( A,B,delta)
3        N = length( A );
4        C = ift ( ft ( A,delta) . * ft ( B,delta),1/( N * delta) );
```

程序 3.2 给出了 myconv 的使用实例,结果绘制在图 3.1 中。在实例中,函数 $\mathrm{rect}(x/\omega)$ 与自身卷积,解析结果为 $\omega\mathrm{tri}(x/\omega)$。代码使用参数为 $\omega=2$,网格尺寸为 8m,采样 64 个。图中解析和数值结果的高度一致明确显示出计算机代码操作是合理的,并且 myconv 使用了合适缩放比例。

程序 3.2　运行分立卷积与卷积积分的解析做对比的 MATLAB 实例

```
1    % example_conv_rect_rect. m
2    N = 64;          %number of samples
3    L = 8;           % grid size [m]
4    delta = L / N;   %sample spacing [m]
5    F = 1/L;         %frequency-domain grid spacing [1/m]
6    x = ( -N/2:N/2-1) * delta;
7    w = 2;           % width  of rectangle
8    A = rect( x/w);      B = A;   % signal
9    C = myconv( A,B,delta);    %' perform digital convolution
10   % continuous convolution
11   C_cont = w * tri ( x/w);
```

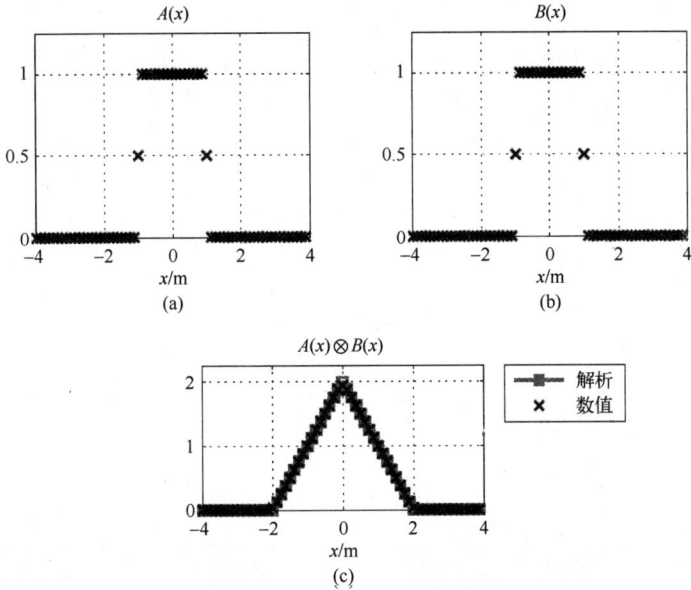

图 3.1   rect 函数与自身的卷积

(a)、(b)输入到卷积算法的采样函数;(c)DFT 基的计算和解析结果。

二维卷积在光学中是非常重要的,特别是为了计算透射图像,必须将几何图像和图像系统的二维空间脉冲响应进行卷积。二维卷积的光学应用将在 5.2 节进一步讨论。将程序 3.1 推广到二维卷积是非常简单易懂的。在计算机代码中,分别用函数 ft2 和 ift2 的命令代替 ft 和 ift。程序 3.3 给出了函数 myconv2 的 MATLAB 代码。

程序 3.3   在 MATLAB 软件中运行二维分立卷积的代码

```
1    function   C = myconv2( A,B,delta)
2    % function    C = myconv2( A,B,delta)
3         N = size( A,1)
4         C = ift2( ft2 ( A,delta) . * ft2( B,delta) ,1/( N * delta) ) ;
```

程序 3.4 给出了二维卷积的实例。在实例中,函数 $A(x,y) = rect(x/w)$ rect (y/w) 与自身卷积,$w = 2.0m$,网格尺寸为 16m,每侧有 256 个网格点。图 3.2 所示为解析和数值结果,两者高度一致。

程序 3.4   运行二维分立卷积的 MATLAB 实例,矩形函数与其自身卷积

```
1    % example_conv2_rect_rect. m
2
```

```
3    N=256;          %number of samples
4    L=16;           % grid size [m]
5    delta=L / N;    % sample spacing [m]
6    F=1/L;          % frequency-domain grid spacing [1/m]
7    x=(-N/2:N/2-1) * delta;
8    [x  y]=meshgrid (x) ;
9    w=2;            % width of rectangle
10   A=rect(x/w) . * rect(y/w);    % signal
11   B=rect(x/w) . * rect(y/w);    % signal
12   C=myconv2(A,B,delta);         % perform digital convilution
13   % continuous convolution
14   C_cont=w^2 * tri (x/w) . * tri (y/w) ;
```

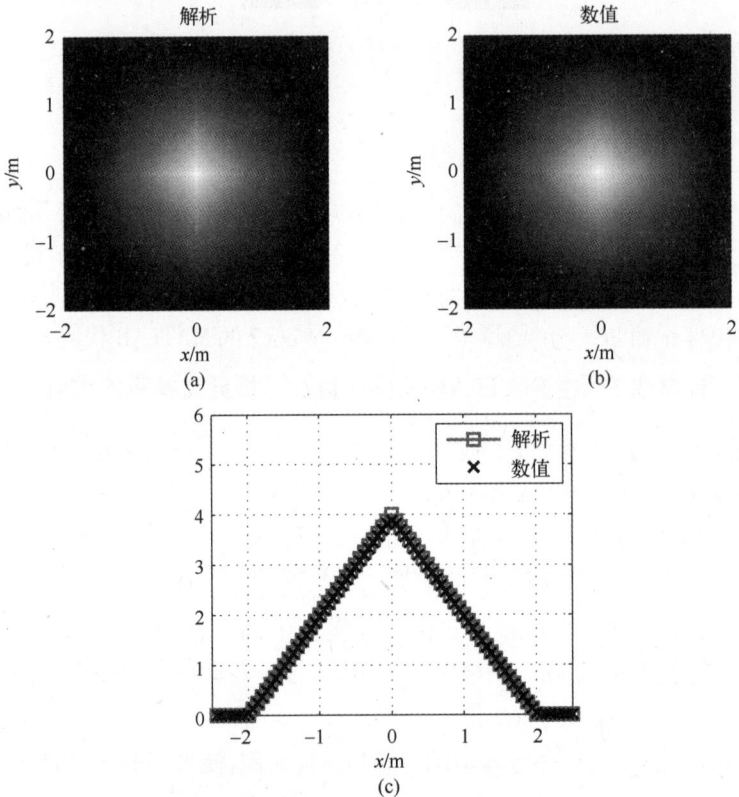

解析

数值

(a)

(b)

(c)

图 3.2　矩形函数与其自身的卷积

(a)解析结果;(b)数值结果;(c)y=0 切片解析和数值结果的对比。

36

3.2 相关

相关函数在数学上与卷积非常相似。由于运行的区别,本节直接从二维相关开始讨论。二维相关积分定义如下:

$$\Gamma_{fg}(\Delta r) = f(r) \star g(r) = \int_{-\infty}^{\infty} f(r) g^*(r - \Delta r) \mathrm{d}r \qquad (3.4)$$

式中:★符号表示相关。

与式(3.1)相比,可以看到卷积和相关数学上的区别在于 $g(x)$ 的复共轭和自变量的负号。存在与卷积定理相似的相关定理,提供相似的数学和计算上的优点。通过两侧的逆傅里叶变换,式(3.4)可以改写为

$$f(x) \star g(x) = \mathcal{F}^{-1}\{\mathcal{F}[f(x)] \mathcal{F}[g(x)]^*\} \qquad (3.5)$$

尽管卷积和相关在数学上具有相似性,两者的使用经常是非常不同的。相关经常用于确定两个信号之间的相似性,因此两个输入信号 $f(x)$ 和 $g(x)$ 通常具有相对相似的特征,而卷积的两个输入信号通常差别很大。相关达到峰值的距离 Δr 可以显示出两个信号特征之间的距离。当信号完全相同时,即 $f(x) = g(x)$,这种情况称为自相关,自相关峰值的宽度可以揭示与信号变量有关的信息。

自相关在本书的特殊应用是分析随机波动的过程和场。在任意给定的时间或空间点,随机量可能抽象化为概率密度函数(PDF)。为了描述时间和空间上的变化,经常使用平均自相关。举一个切题的实例,有时光源本身就是随机波动的,这属于统计光学的范畴[6]。在第 9 章中,即使光源没有波动,光场也会由于大气湍流而随机波动。场的相关属性包含了与波动原因有关的信息[15]。例如,第 9 章展示了通过大气湍流的光场平均自相关理论表达式,该式以湍流相关直径为变量。理论表达式与湍流退化场模拟随机画面的数值自相关进行对比,恰当的对比提供了确定湍流模拟合理操作的一种手段。

平均相关是式(3.4)许多独立和相同分布实现的总体均值。式(3.4)最基本的操作与卷积非常相似。光学数据经常透过一个圆形或环形孔径进行收集,然而必须在一个矩形数列里表征二维数据。有时希望将数据的相关隔离在光瞳之内,并在计算数量时,如自相关,排除光瞳的影响。例如,正在观察一个部分相干的场,为了将观察面的测量与源的属性相联系,需要计算光瞳平面场的自相关,而不是光瞳面场和孔径叠加的自相关。最基本的方法,如使用卷积,将捕获信号和孔径的复合影响。为了消除孔径的影响,在这里展示的操作将比卷积复杂得多。

设光场为 $u(r)$,光瞳的形状用 $w(r)$ 表征,函数 $w(r)$ 是一个内侧为 1 而外侧

为 0 的"窗口"函数,正式写法为

$$w(\boldsymbol{r}) = \begin{cases} 1 & (\boldsymbol{r} \text{ 在光瞳内}) \\ 0 & (\boldsymbol{r} \text{ 在光瞳外}) \end{cases} \tag{3.6}$$

这允许只使用透过孔径那部分区域的场。因此,探测器通过孔径收集到的数据为

$$u'(\boldsymbol{r}) = u(\boldsymbol{r})w(\boldsymbol{r}) \tag{3.7}$$

如果计算有窗口数据的自相关,将得到

$$\varGamma_{u'u'}(\Delta\boldsymbol{r}) = u'(\boldsymbol{r}) \star u'(\boldsymbol{r}) = \int_{-\infty}^{\infty} u(\boldsymbol{r})u^*(\boldsymbol{r} - \Delta\boldsymbol{r})w(\boldsymbol{r})w^*(\boldsymbol{r} - \Delta\boldsymbol{r})\mathrm{d}\boldsymbol{r} \tag{3.8}$$

只要 $w(\boldsymbol{r})\, w^*(\boldsymbol{r}-\Delta\boldsymbol{r})$ 是非零的,则被积函数等于 $u(\boldsymbol{r})u^*(\boldsymbol{r}-\Delta\boldsymbol{r})$。将该区域标记为 $R(\boldsymbol{r},\Delta\boldsymbol{r})$,可将积分改写为

$$\varGamma_{u'u'}(\Delta\boldsymbol{r}) = \int_{R(\boldsymbol{r},\Delta\boldsymbol{r})} u(\boldsymbol{r})u^*(\boldsymbol{r} - \Delta\boldsymbol{r})\mathrm{d}\boldsymbol{r} \tag{3.9}$$

计算 $R(\boldsymbol{r},\Delta\boldsymbol{r})$ 的面积为

$$A(\Delta\boldsymbol{r}) = \int R(\boldsymbol{r},\Delta\boldsymbol{r})\mathrm{d}\boldsymbol{r} = \varGamma_{ww}(\Delta\boldsymbol{r}) \tag{3.10}$$

如果知道 $\varGamma_{uu}(\Delta\boldsymbol{r})$ 实际上与 $\boldsymbol{r}$ 不相关,则 $u(\boldsymbol{r})$ 称为广义平稳,可以写出

$$\langle \varGamma_{u'u'}(\Delta\boldsymbol{r}) \rangle = A(\Delta\boldsymbol{r})\langle \varGamma_{uu}(\Delta\boldsymbol{r}) \rangle \tag{3.11}$$

为高效计算式(3.11),可以使用 FT。根据自相关定理,定义

$$W(\boldsymbol{f}) = \mathcal{F}\{w(\boldsymbol{r})\} \tag{3.12}$$

$$U'(\boldsymbol{f}) = \mathcal{F}\{u'(\boldsymbol{r})\} \tag{3.13}$$

然后写出

$$\langle \varGamma_{uu}(\Delta\boldsymbol{r}) \rangle = \frac{\langle \mathcal{F}^{-1}\{|U'(\boldsymbol{f})|^2\} \rangle}{\mathcal{F}^{-1}\{|W(\boldsymbol{f})|^2\}} \tag{3.14}$$

式(3.14)可以推广到两个场 $u_1(\boldsymbol{r})$ 和 $u_2(\boldsymbol{r})$ 之间的互相关处理。在程序 3.5 中给出了使用式(3.14)的推广版本计算这一互相关的 MATLAB 代码。

程序 3.5　运行消除孔径影响二维分立相关的 MATLAB 代码

```
1    function   C = corr2_ft (u1,u2,mask,delta)
2        % function   C = corr2_ft (u1,u2,mask,delta)
```

```
3
4      N = size( u1,1);
5      C = zeros (N);
6      delta_f = 1/(N * delta);   %frequency grid spacing [m]
7
8      U1 = ft2 (u1 . * mask,delta);   %DFTs  of  signals
9      U2 = ft2 (u2 . * mask,delta);
10     U12corr = ift2( conj(U1). * U2,delta_f);
11
12     maskcorr = ift2 (abs (mask,delta)) . ^2,delta_f)...
13          * delta^2;
14     idx = logical(maskcorr);
15     c(idx) = U12corr( idx)./maskcorr(idx) . * mask(idx);
```

程序 3.6 给出了二维自相关的实例。在实例中，函数 $A(x,y)=\text{rect}(x/w)\text{rect}(y/w)$ 与其自身相关，式中 $w=2.0\text{m}$，网格尺寸为 16m，每侧有 256 个网格点。由于不存在孔径，整个网格掩模值都为 1。因为函数是关于 x 和 y 对称的，结果与以上卷积实例相同。图 3.3 显示解析和数值结果。注意两者再一次高度一致。计算带孔径掩模自相关的实例在 9.5.5 节中给出。

程序 3.6 运行二维分立自相关的 MATLAB 实例，矩形函数与其自身相关

```
1      % example_corr2_rect_rect. m
2
3      N = 256;          % number of samples
4      L = 16;           % grid size [m]
5      delta = L / N;    % sample spacing [m]
6      F = 1/L;          % frequency-domain grid spacing [1/m]
7      x = (-N/2:N/2-1) * delta;
8      [x  y] = meshgrid (x);
9      w = 2;            % width of rectangle
10     A = rect(x/w). * rect(y/w);    % signal
11     mask = ones(N);
12     % perform digital correlation
13     C = corr2_ft( A,A,mask,delta);
14     % analytic correlation
15     C_cont = w^2 * tri (x/w). * tri (y/w);
```

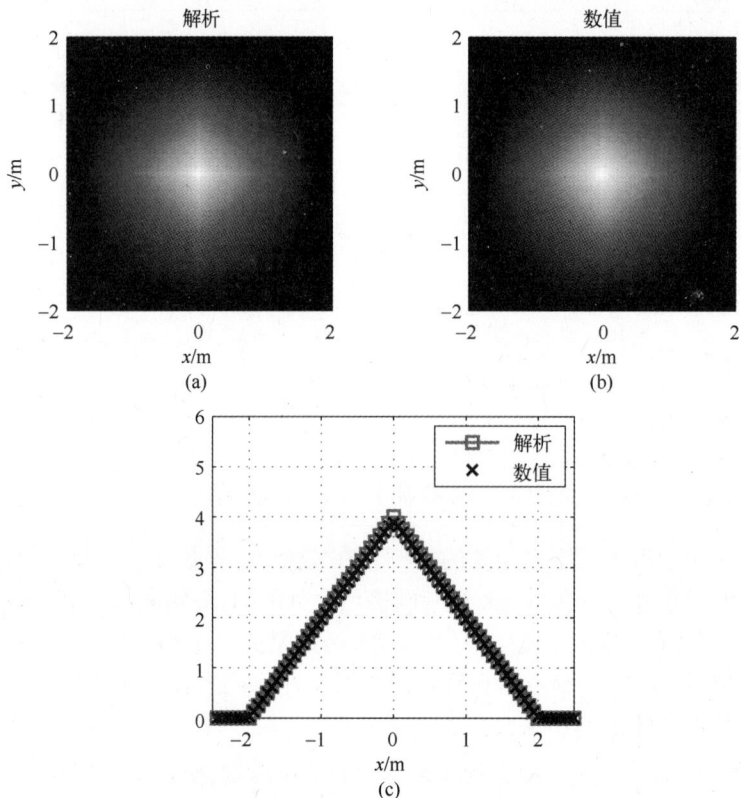

图 3.3　矩形函数与其自身的相关

(a)解析结果;(b)数值结果;(c)数值和解析结果 $y=0$ 截面的对比。

3.3　结构函数

　　结构函数是随机场的另一种统计测量,与自相关关系密切,尤其适用于研究非广义平稳的随机场。关于统计平稳的详细讨论可见文献[6]。结构函数经常被用于光学湍流中描述一些量的演化,如折射率、相位和对数振幅。一个随机场 $g(\boldsymbol{r})$ 实现的结构函数可以定义为

$$D_g(\Delta \boldsymbol{r}) = \int [g(\boldsymbol{r}) - g(\boldsymbol{r} + \Delta \boldsymbol{r})]^2 \mathrm{d}\boldsymbol{r} \tag{3.15}$$

　　与相关类似,统计结构函数是式(3.15)的总体均值。可以证明,当随机场统计各向异性时,平均结构函数与自相关有如下关系:

$$D_g(\Delta \boldsymbol{r}) = 2[\Gamma_{gg}(0) - \Gamma_{gg}(\Delta \boldsymbol{r})] \tag{3.16}$$

40

同样,与相关类似,经常必须计算有窗数据的结构函数。使用有窗数据 u' 得到

$$\langle D_u{}'(\Delta r) \rangle = A(\Delta r) \langle D_u(\Delta r) \rangle \tag{3.17}$$

然后,必须关注 $D_{u'}(\Delta r)$。将积分内的因数乘开,得

$$D_{u'}(\Delta r) = \int \left[u'^2(r)w(r + \Delta r) - 2u'(r)u'(r + \Delta r) + u'^2(r + \Delta r)w(r) \right] \mathrm{d}r \tag{3.18}$$

利用傅里叶积分表征来替换每一项,这样当使用 FFT 时将获得较高的计算效率。为了达到这一目的,首先定义

$$W(f) = \mathcal{F}\{w(r)\} \tag{3.19}$$

$$U'(f) = \mathcal{F}\{u'(r)\} \tag{3.20}$$

$$S(f) = \mathcal{F}\{[u'(r)]^2\} \tag{3.21}$$

同样注意到由于 $w(r)$ 是实数,$W(f) = W^*(f)$。根据这些定义和属性,有窗结构函数可以改写为

$$D_{u'}(\Delta r) = \int\int_{-\infty}^{\infty}\int_{-\infty}^{\infty} \{S(f_1)W^*(f_2) \\ + S^*(f_2)W(f_1) - 2U'(f_1)[U'(f_2)]^*\} \\ \times e^{i2\pi(f_1+f_2)\cdot r} e^{-i2\pi f_2\cdot \Delta r} \mathrm{d}f_1 \mathrm{d}f_2 \mathrm{d}r \tag{3.22}$$

现在,计算 r 的积分和 f_2 的积分得

$$D_u{}'(\Delta r) = \int_{-\infty}^{\infty} \{S(f_1)W^*(f_1) \\ + S^*(f_1)W(f_1) - 2U'(f_1)[U'(f_1)]^*\} e^{-i2\pi f_1\cdot \Delta r} \mathrm{d}f_1 \tag{3.23}$$

$$= 2\int_{-\infty}^{\infty} \{\mathrm{Re}[S(f_1)W^*(f_1)] - |U'(f_1)|^2\} e^{-i2\pi f_1\cdot \Delta r} \mathrm{d}f_1 \tag{3.24}$$

$$= 2\mathcal{F}\{\mathrm{Re}[S(f_1)W^*(f_1)] - |U'(f_1)|^2\} \tag{3.25}$$

程序 3.7 通过使用 FT 执行式(3.17)和式(3.25)计算了结构函数。

程序 3.8 给出了计算二维结构函数的实例。实例计算了二维信号 $A(x,y) = \mathrm{rect}(x/w)\mathrm{rect}(y/w)$ 的结构函数。与之前的实例相同,$w = 2.0\mathrm{m}$,网格尺寸为 16m,每一侧有 256 个网格点,掩模值在整个网格都是 1。为计算解析结果,可以利用式(3.16)给出的结构函数和自相关的关系。该实例使用了之前相关实例相同的信号,所以应用这一关系从解析自相关来计算解析结构函数。图 3.4 显示了解析和

数值结果。注意两者之间再一次高度一致。9.3 节和 9.5.5 节给出了计算随机场平均结构函数的实例。

程序 3.7 运行消除孔径影响二维分立结构函数的 MATLAB 代码

```
1    function D = str_fcn2_ft ( ph , mask , delta )
2    % function D = str_fcn2_ft ( ph , mask , delta )
3
4    N = size ( ph , 1 ) ;
5    ph = ph . * mask ;
6
7    P = ft2 ( ph , delta ) ;
8    S = ft2 ( ph . ^ 2 , delta ) ;
9    W = ft2 ( mask , delta ) ;
10   delta_f = 1/ ( N * delta ) ;
11   w2 = ift2( W . * conj( W ) , delta_f ) ;
12
13   D = 2 * ift2 ( real ( S . * conj( W ) ) -abs( P ) . ^2 , ...
14       delta_f ) . / w2 . * mask ;
```

程序 3.8 运行矩形函数二维结构函数的 MATLAB 实例

```
1    % example_strfcn2_rect. m
2
3    N = 256 ;        % number of samples
4    L = 16 ;         % grid size [ m ]
5    delta = L / N ; % sample spacing [ m ]
6    F = 1/L ;        % frequency-domain grid spacing [ 1/m ]
7    x = ( -N/2 : N/2-1 ) * delta ;
8    [ x    y ] = meshgrid ( x ) ;
9    w = 2 ;          % width   of rectangle
10   A = rect( x/w ) . * rect( y/w ) ;    % signal
11   mask = ones( N ) ;
12   % perform digital structure function
13   C = str_fcn2_ft ( A , mask , delta )/ delta^2 ;
14   % continuous structure function
15   C_cont = 2 * w^2 * ( 1-tri ( x/w ) . * tri ( y/w ) ) ;
```

42

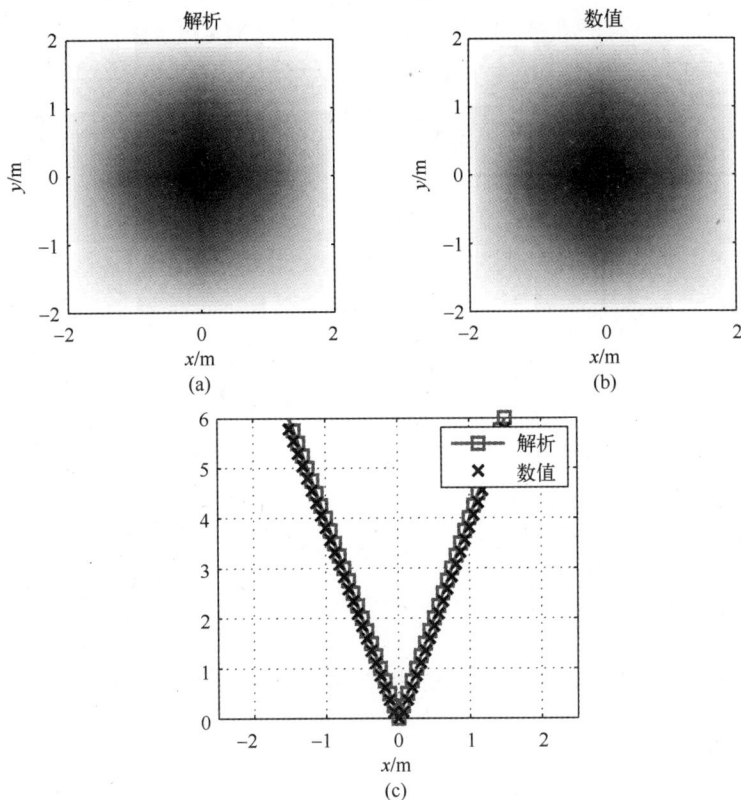

图 3.4　矩形函数的结构函数

(a)解析结构;(b)数值结果;(c)$y=0$切面的解析和数值结果。

3.4　微分

本章以最后一个基于 DFT 的计算结束,即微分。在本书中不再使用微分,但是模拟器件操作(如波前探测器)的读者可能发现这一节是有用的。若干有用的探测器,如夏克-哈特曼和剪切干涉波前探测器,可以测量光学相位的梯度。

通过对式(2.1)进行关于 x 的 n 次微分,并将微分算符移入 FT,可以很容易证明

$$\mathcal{F}\left\{\frac{\mathrm{d}^n}{\mathrm{d}x^n}g(x)\right\}=(\mathrm{i}2\pi f_x)^n\mathcal{F}\{g(x)\}\tag{3.26}$$

可以利用这一关系,对两侧进行逆 FT 计算 $\mathrm{d}g(x)/\mathrm{d}x$,这是程序 3.9 显示的 MATLAB 代码隐含的原理,该程序给出了 derivative_ft 函数。

```
1    function der = derivative_ft( g, delta, n)
2    % function der = derivative_ft( g, delta, n)
3
4    N = size( g,1) ;    % number of samples in g
5    % grid spacing in the frequency domain
6    F = 1/ ( N * delta) ;
7    f_X = ( -N/2 : N/2-1) * F ;    % frequency values
8
9    der = ift( ( I * 2 * pi * f_X) .^ n . * ft( g,delta), F) ;
```

程序 3.10 显示了使用 derivative_ft 函数的实例,在该实例中, $g(x) = x^5$。计算了这一函数的最初两个微分,图 3.5 所示为数值结果和解析结果的对比。注意使用了一个有窗函数限制信号的范围和减弱计算光谱的混淆现象,这是由于 $g(x)$ 和最初的几阶微分不是有限带宽函数。使用窗口函数提高了数值微分的准确度。

程序 3.10 使用 deriva tive_ft 函数的实例

```
1    % example_derivative_ft. m
2
3    N = 64;           % number of samples
4    L = 6;            % grid size[ m]
5    delta = L/N;          % grid spacing[ m]
6    x = ( -N/2 : N/2-1)  * delta;
7    w = 3;            % size of window ( or region of interest) [ m]
8    window = rect( x/w) ;    % window function[ m]
9    g = x.^5 . * window;    % function
10   % computed derivatives
11   gp_samp = real( derivative_ft( g, delta, 1) ) . * window;
12   gpp_samp = real( derivative_ft( g, delta, 2) ) . * window;
13   % analytic derivatives
14   gp = 5 * x.^4 . * window;
15   gpp = 20 * x.^3 . * window;
```

现在,将式(3.26)推广到二维,可以计算二维标量函数 $g(x,y)$ 的 x 和 y 偏微分。使用相似于产生式(3.26)的步骤,可以容易证明

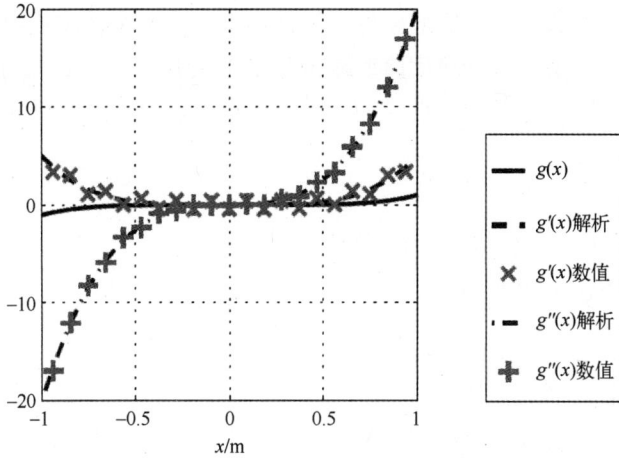

图 3.5 函数 $g(x)=x^5$ 和数值计算的最初两个微分的曲线与解析表达式结果的对比

$$\mathcal{F}\left\{\frac{\partial^n}{\partial x^n}g(x,y)\right\}=(i2\pi f_x)^n\mathcal{F}\{g(x,y)\} \tag{3.27}$$

$$\mathcal{F}\left\{\frac{\partial^n}{\partial y^n}g(x,y)\right\}=(i2\pi f_y)^n\mathcal{F}\{g(x,y)\} \tag{3.28}$$

那么,函数的梯度使用 $n=1$ 的情况,得

$$\nabla g(x,y)=\mathcal{F}^{-1}\{i2\pi f_x\mathcal{F}\{g(x,y)\}\}\hat{\boldsymbol{i}}+\mathcal{F}^{-1}\{i2\pi f_y\mathcal{F}\{g(x,y)\}\}\hat{\boldsymbol{j}} \tag{3.29}$$

这在 MATLAB 代码中容易执行,程序 3.11 给出了 gradient_ft 函数。

程序 3.11　使用 FT 计算函数分立梯度的 MATLAB 代码

```
1    function [gx gy] = gradient_ft(g,delta)
2    % function [gx gy] = gradient_ft(g,delta)
3
4        N = size(g,1);      % number of samples per side in g
5        % grid spacing in the frequency domain
6        F = 1/(N * delta);
7        f_X = (-N/2:N/2-1) * F;      % frequency values
8        [fX fY] = meshgrid(fX);
9        gx = ift2(i * 2 * pi * fX . * ft2(g,delta),F);
10       gy = ift2(i * 2 * pi * fY . * ft2(g,delta),F);
```

程序 3.12　运行二维标量函数分立梯度的 MATLAB 实例，
对应曲线显示在图 3.6 中

```
1    % example_gradient_ft. m
2    N=64;        % number of samples
3    L=6;         % grid size [m]
4    delta=L/N;   % grid spacing [m]
5    x=(-N/2:N/2-1)*delta;
6    [x y]=meshgrid(x);
7    g=exp(-(x.^2 + y.^2));
8    % computed derivatives
9    [gx_samp gy_samp]=gradient_ft(g,delta);
10   gx_samp=real(gx_samp);
11   gy_samp=real(gy_samp);
12   % analytic derivatives
13   gx=-2*x.*exp(-(x.^2+y.^2));
14   gy=-2*y.*exp(-(x.^2+y.^2));
```

程序 3.12 显示了使用 gradient_ft 函数的实例。在这一实例中，有

$$g(x,y) = \exp[-(x^2+y^2)] \tag{3.30}$$

其解析梯度如下：

$$\nabla g(x,y) = -2\exp[-(x^2+y^2)](x\hat{\boldsymbol{i}}+y\hat{\boldsymbol{j}}) \tag{3.31}$$

在程序中计算了该函数的数值梯度，在图 3.6 中显示了数值结果与解析结果的对比。这一次不需要窗口函数，因为 $g(x,y)$ 是近有限带宽函数。图 3.6(b) 和 (c) 中的抖动曲线显示出相同的趋势。尽管曲线并不完全相同，但解析和数值梯度是非常一致的。

3.5　习题

1. 运行信号函数 rect$(x+a)$+tri(x) 与脉冲响应 $\exp[-(\pi/3)x^2]$ 关于若干 a 值的分立卷积。当 a 为何值时，信号的两个特征刚好可以分解？不需要使用正式准则进行分解，只需视觉上检验卷积结果。

2. 运行信号 circ$[a(x^2+y^2)^{1/2}]$ 与其自身关于 $a=1$ 和 $a=10$ 的分立卷积。显示数值与解析结果的二维表面曲线和数值与解析结果在 $y=0$ 切面的曲线。

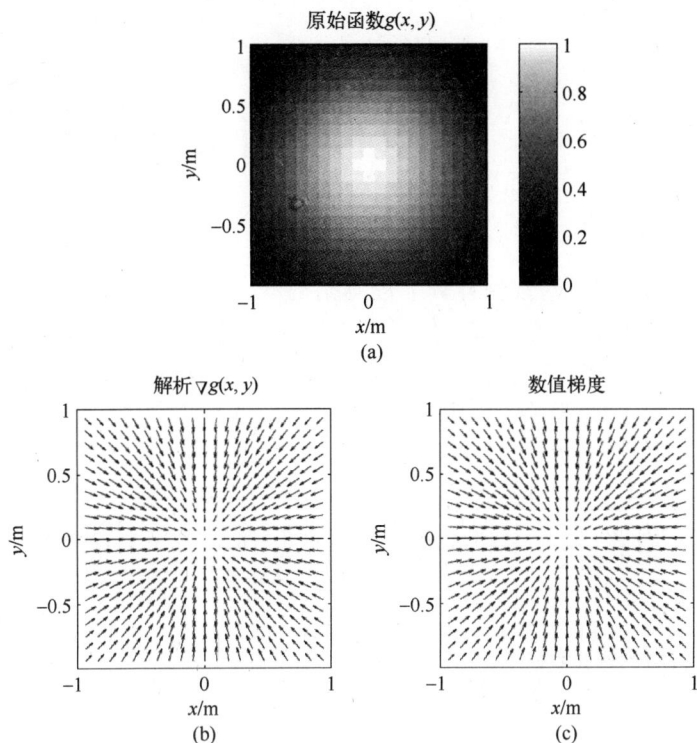

图 3.6 数值计算函数 $g(x,y) = \exp[-(x^2+y^2)]$ 及其梯度的曲线，解析表达式包含在图内进行对比

3. 数值计算函数 $g(x) = J_2(x)$ 的第一阶微分，其中 $J_2(x)$ 是第一类二阶贝塞尔函数，试绘制出结果曲线并显示出与解析结果在 $-1 \leqslant x \leqslant 1$ 区间的一致性。

第 4 章　夫琅和费衍射与透镜

为了获得准确结果,数值计算菲涅耳衍射积分需要花一些心思。因此,这一章首先处理两个更加简单的课题:带有夫琅和费近似的衍射和带透镜的衍射。这样就可以在没有模拟菲涅耳衍射所需的重大算法发展和采样分析的条件下,演示一些 FT 的光学实例。用于菲涅耳传播的真空传播算法和采样分析是第 6~8 章的主题。计算夫琅和费近似下或出现透镜的衍射场不需要前期大量的分析。另外,这些简单的计算只包括每一种图样的单独 DFT。第 2 章提供了必要的背景。因此,读者可能注意到在这一章列出的 MATLAB 代码是非常简单的。

4.1　夫琅和费衍射

当光从源孔径传播非常远,观察面上的光场可以用夫琅和费衍射积分进行非常严格的近似,该积分在第 1 章中已经给出,为了方便,在这里再次给出:

$$U(x_2,y_2) = \frac{\mathrm{e}^{\mathrm{i}k\Delta z}\mathrm{e}^{\mathrm{i}\frac{k}{2\Delta z}(x_2^2+y_2^2)}}{\mathrm{i}\lambda\,\Delta z}\int_{-\infty}^{\infty}\int_{-\infty}^{\infty}U(x_1,y_1)\,\mathrm{e}^{-\mathrm{i}\frac{k}{\Delta z}(x_1x_2+y_1y_2)}\,\mathrm{d}x_1\mathrm{d}y_1 \tag{4.1}$$

根据古德曼[5],"非常远"由如下不等式定义:

$$\Delta z > \frac{2D^2}{\lambda} \tag{4.2}$$

式中:Δz 为传播距离;D 为源孔径的直径;λ 为光波长。

这是一个好的近似,因为整个源的二次相位基本是平的。

夫琅和费积分可以利用第 2 章中 FT 的形式进行投射:

$$U(x_2,y_2) = \frac{\mathrm{e}^{\mathrm{i}k\Delta z}\mathrm{e}^{\mathrm{i}\frac{k}{2\Delta z}(x_2^2+y_2^2)}}{\mathrm{i}\lambda\,\Delta z}\mathcal{F}\{U(x_1,y_1)\}\Big|_{f_{x1}=\frac{x_2}{\lambda\Delta z},f_{y2}=\frac{y_2}{\lambda\Delta z}} \tag{4.3}$$

为了在网格上计算该值,必须定义网格属性。将源和观察面的网格间隔分别命名为 δ_1 和 δ_2。源平面的空间函数变量为 $\boldsymbol{f}_1=(f_{x1},f_{y1})$,网格间隔为 δ_{f1}。这些空间频率直接映射到观察面的空间坐标为 x_2 和 y_2。这些符号总结在表 4.1 中,并在图 1.2 中进行了描述。

表 4.1 光学传播符号的定义

符　　号	意　　义
$\boldsymbol{r}_1 = (x_1, y_1)$	源平面坐标
$\boldsymbol{r}_2 = (x_2, y_2)$	观察平面坐标
δ_1	源平面网格间隔
δ_2	观察平面网格间隔
Δz	源平面和观察平面距离

目前,数值计算夫琅和费衍射积分是一个运行合适乘数和空间比例缩放的 FT 的简单问题。程序 4.1 给出了 MATLAB 函数 fraunhofer_prop,当夫琅和费衍射积分有效时,即当式(4.2)是真实的时,该函数可以用于数值运行光波传播。在程序中,因子 $\exp(ik\Delta z)$ 已经被忽略,因为它只是同轴相位。读者应该注意到该代码利用了第 2 章的 ft2 函数。

程序 4.2 展示了如何使用 fraunhofer_prop 函数。实例模拟了单色平面波从一个圆形孔径到远距离观察平面的传播。合成场振幅的 $y_2 = 0$,切面显示在图 4.1 中。图 4.1 中显示的数值结果与解析结果匹配得非常好。然而,如果显示更大区域,边缘将开始出现偏差。正如 2.3 节中讨论的,这是由于混淆现象。如果实例代码正在模拟一个具有直径仅 0.4m 靶面探测器的真实系统,那么混淆现象将不会严重影响数据估值和实验测量衍射图样之间的对比。选择的网格间隔和格点数将足够用于这一目的。

程序 4.1 在 MATLAB 软件中运行夫琅和费传播的代码

```
1    function [ Uout x2 y2 ] = ...
2         fraunhofer_prop( Uin, wvl, d1, Dz )
3    % function [ Uout x2 y2 ] = ...
4    %     fraunhofer_prop( Uin, wvl, d1, Dz )
5
6         N = size( Uin, 1 );      % assume square grid
7         k = 2 * pi/wvl;          % optical wavevector
8         fX = ( -N/2 : N/2-1 )/( N * d1 );
9         % observation-plane coordinates
10        [ x2 y2 ] = meshgrid( wvl * Dz * fX );
11        clear( 'fX' );
12        Uout = exp( i * k/( 2 * Dz ) * ( x2. ^2+y2. ^2 ) ) ...
13            /( i * wvl * Dz ). * ft2( Uin, d1 );
```

程序 4.2 模拟夫琅和费衍射图案与解析结果做对比的 MATLAB 实例

```
1    % example_fraunhofer_circ. m
2
3    N=512;                  % number of grid points per side
4    L=7.5e-3;               % total size of the grid [m]
5    d1=L/N;                 % source-plane grid spacing [m]
6    D=1e-3;                 % diameter of the apetrure [m]
7    wvl=1e-6;               % optical wavelength [m]
8    k=2*pi/wvl;
9    Dz=20;                  % propagation distance [m]
10
11   [x1 y1]=meshgrid((-N/2:N/2-1)*d1);
12   Uin=circ(x1,y1,D);
13   [Uout x2 y2]=fraunhofer_prop(Uin,wvl,d1,Dz);
14
15   % analytic result
16   Uout_th=exp(i*k/(2*Dz)*(x2.^2+y2.^2))...
17       /(i*wvl*Dz)*D^2*pi/4...
18       .*jinc(D*sqrt(x2.^2+y2.^2)/(wvl*Dz));
```

为了更加清晰地陈述这一问题,传播的几何图形在源的可观察空间频率成分上加入一个限制。观察平面坐标与源的空间频率建立如下关系:

$$x_2 = \lambda \Delta z f_{x1} \tag{4.4a}$$

$$y_2 = \lambda \Delta z f_{y1} \tag{4.4b}$$

那么,如果在 x_2-y_2 平面的探测器宽度为 0.4m,观察面坐标的最大值为 $x_{max}=0.2$m 和 $y_{max}=0.2$m,这将导致源空间频率 $f_{x1,max}$ 和 $f_{y1,max}$ 的最大可观察值给定为

$$f_{x1,max} = \frac{x_{2,max}}{\lambda \Delta z} \tag{4.5a}$$

$$f_{y1,max} = \frac{y_{2,max}}{\lambda \Delta z} \tag{4.5b}$$

结果,在模拟中,传播空间频率不大于 $f_{x1,max}$ 和 $f_{y1,max}$ 真实源的有限带宽(或过滤)版本将产生与人们在实验室观察到的相同的观察面衍射图样。这一原理将在第 7 章广泛使用。

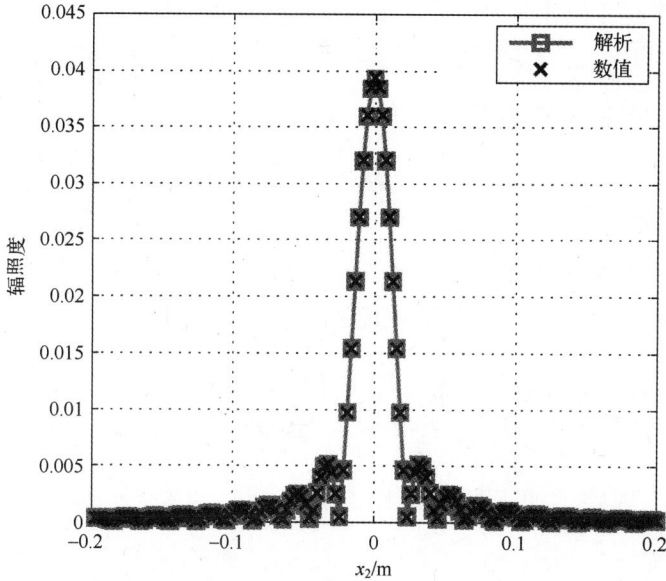

图 4.1　圆形孔径夫琅和费衍射图样振幅的 $y_2 = 0$ 切面,数值和解析结果都显示出来作为对比

4.2　透镜的傅里叶变换属性

在这一节,讨论转移到近场衍射,该衍射由单色波傍轴近似的菲涅耳衍射积分控制。相应的积分在式(1.57)中给出,并在这里重复作为参考:

$$U(x_2, y_2) = \frac{e^{ik\Delta z}}{i\lambda\,\Delta z} e^{i\frac{k}{2\Delta z}(x_2^2 + y_2^2)} \int_{-\infty}^{\infty} \int_{-\infty}^{\infty} U(x_1, y_1)$$
$$\times\ e^{i\frac{k}{2\Delta z}(x_2^2 + y_2^2)} e^{-i\frac{2\pi}{2\Delta z}(x_2 x_1 + y_2 y_1)}\,dx_1 dy_1 \tag{4.6}$$

应用式(4.2)中夫琅和费近似移除式(4.6)中的二次相位指数,得到夫琅和费衍射积分。然而,这一近似对于本节讨论的脚本却是无效的。

在傍轴近似下,完整球面(近轴指向)薄透镜引入的相位延迟为[5]

$$\phi(x, y) = -\frac{k}{2f_l}(x^2 + y^2) \tag{4.7}$$

式中:x, y 为透镜出瞳面的坐标;f_l 为焦距。

在这一节中,平面透明物体被放置在下面 3 个位置:(在透镜前)紧靠透镜、透镜的前面和透镜的后面。物体被一个正入射、无限范围、均匀振幅平面波照亮。式(4.6)用于计算通过物体传播到透镜后焦面的光。结果,式(4.7)中的相位项变成了菲涅耳积分内 $U(x_1,y_1)$ 的一部分,导致一些如下面一些小节里讨论的简化。

4.2.1 紧靠透镜物体

当物体如图 4.2 所示紧靠透镜,透镜后平面的光场为

$$U(x_1,y_1) = t_A(x_1,y_1) P(x_1,y_1) e^{-i\frac{k}{2f_l}(x_1^2+y_1^2)} \tag{4.8}$$

式中:$t_A(x_1,y_1)$ 为物体的孔径透射率;$P(x_1,y_1)$ 为考虑透镜切趾的实函数。

当式(4.8)代入式(4.6)时,假设传播到后焦面,结果为

$$U(x_2,y_2) = \frac{1}{i\lambda f_l} e^{-i\frac{k}{2f_l}(x_2^2+y_2^2)} \int_{-\infty}^{\infty} \int_{-\infty}^{\infty} t_A(x_1,y_1) \times P(x_1,y_1) e^{-i\frac{2\pi}{2f_l}(x_1x_2+y_1y_2)} dx_1 dy_1 \tag{4.9}$$

与 4.1 节相似,式(4.9)可以投射为 FT 的形式,得

$$U(x_2,y_2) = \frac{1}{i\lambda f_l} e^{-i\frac{k}{2f_l}(x_2^2+y_2^2)} \mathcal{F}\{t_A(x_1,y_1) P(x_1,y_1)\} \Big|_{f_x=\frac{x_2}{\lambda f_l}, f_y=\frac{y_2}{\lambda f_l}} \tag{4.10}$$

由于积分外存在二次相位,这不是准确的 FT 关系。但是,仍可以用 DFT 计算衍射场。

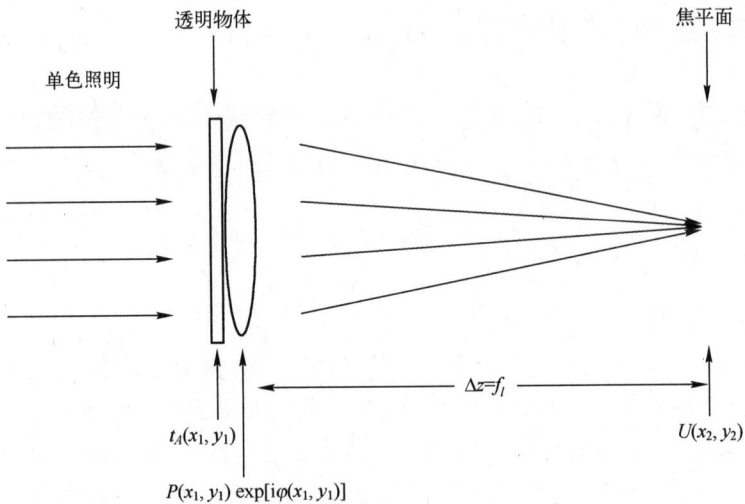

图 4.2 紧靠透镜物体的透镜几何图解

程序 4.3 给出了一个紧靠会聚透镜物体从物平面到焦平面的 MATLAB 函数 lens_against_ft。注意该函数的执行与 fraunhofer_prop 非常相似,都利用了函数 ft2。

52

程序 4.3　在 MATLAB 软件中运行紧靠透镜(并刚好在透镜之前) 物体从光瞳平面到焦平面传播的代码

```
1    function [ Uout x2 y2] = ...
2        lens_against_ft( Uin, wvl, d1, f, d)
3    % function[ Uout x2 y2] = ...
4    %   lens_against_ft( Uin, wvl, d1, f, d)
5
6        N = size( Uin, 1) ;        % assume square grid
7        k = 2 * pi/wvl;            % optical wavevector
8        fX = ( -N/2:1:N/2-1)/( N * d1) ;
9        % observation plane coordinates
10       [ x2 y2] = meshgrid( wvl * f * fX) ;
11       clear( 'fX') ;
12
13       % evaluate the Fresnel-Kirchhoff integral but with
14       % the quadratic phase factor inside cancelled by the
15       % phase of the lens
16       Uout = exp( i * k/( 2 * f) * ( x2. ^2+y2. ^2) ) ...
17           /( i * wvl * f). * ft2( Uin, d1) ;
```

4.2.2　镜前物体

更一般性的情况下,物体放置在透镜前面距离为 d 的位置上,如图 4.3 所示。当光传播到焦平面,结果为

$$
U(x_2, y_2) = \frac{1}{\mathrm{i}\lambda f_l} \mathrm{e}^{\mathrm{i}\frac{k}{2f}\left(1 - \frac{d}{f_l}\right)(x_2^2 + y_2^2)} \int_{-\infty}^{\infty} \int_{-\infty}^{\infty} t_A(x_1, y_1)
$$
$$
\times P\left(x_1 + \frac{d}{f_l}x_2, y_1 + \frac{d}{f_l}y_2\right) \mathrm{e}^{-\mathrm{i}\frac{2\pi}{2f_l}(x_2x_1 + y_2y_1)} \mathrm{d}x_1 \mathrm{d}y_1 \tag{4.11}
$$

式中:光瞳函数的平移自变量考虑了透镜孔径引起的渐晕。焦平面上每一点经历不同程度的渐晕,最小渐晕发生在位于光轴的点上。读者可以查阅古德曼[5]了解更详细的内容。如在 4.1 节,式(4.11)可以以 FT 的形式进行投射,得

$$
U(x_2, y_2) = \frac{1}{\mathrm{i}\lambda f_l} \mathrm{e}^{\mathrm{i}\frac{k}{2f}\left(1 - \frac{d}{f_l}\right)(x_2^2 + y_2^2)}
$$
$$
\times F\left\{ t_A(x_1, y_1) P\left(x_1 + \frac{d}{f_l}x_2, y_1 + \frac{d}{f_l}y_2\right) \right\} \Big|_{f_x = \frac{x_2}{\lambda f_l}, f_y = \frac{y_2}{\lambda f_l}} \tag{4.12}
$$

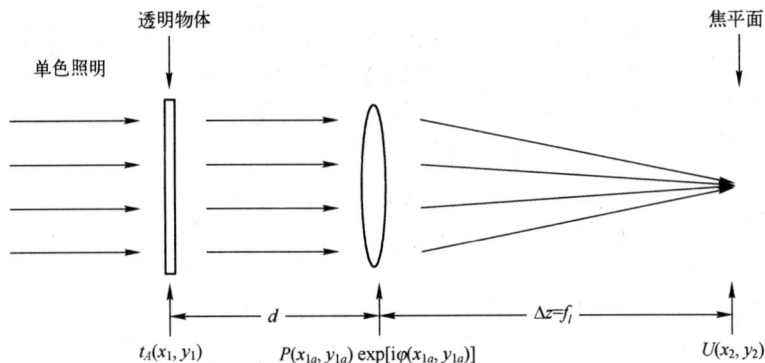

图 4.3　物体位于透镜前方的透镜几何图示

这两种情况是非常有趣的个案:①当物体紧靠透镜放置,$d=0$,这样式(4.12)简化为在式(4.10)中发现的解;②当物体放置于透镜的前方焦平面上,$d=f_l$,这样积分外边的指数相位因子变成1,得到一个完整的 FT 关系。程序4.4给出了物体放置于会聚透镜前方距离 d 处的 MATLAB 函数 lens_in_front。

程序 4.4　在 MATLAB 软件中运行透镜前物体从光瞳平面到焦平面传播的代码

```
1    function [x2 y2 Uout]...
2        =lens_in_front_ft(Uin,wvl,d1,f,d)
3    % function [x2 y2 U_out]...
4    %    =lens_in_front_ft(Uin,wvl,d1,f,d)
5
6        N=size(Uin,1);        % assume square grid
7        k=2*pi/wvl;           % optical wavevector
8        fX=(-N/2:1:N/2-1)/(N*d1);
9        % observation plane coordinates
10       [x2 y2]=meshgrid(wvl*f*fX);
11       clear('fX');
12
13       % evaluate the Fresnel-Kirchhoff integral but with
14       % the quadratic phase factor inside cancelled by the
15       % phase of the lens
16       Uout=1/(i*wv1*Dz)...
17           .*exp(i*k/(2*f)*(1-d/f)*(u.^2+v.^2))...
18           .*ft2(Uin,d1);
```

4.2.3　镜后物体

当物体放置于透镜后方到焦平面距离为 d 处,如图4.4所示,物体前光场

$U_s(x_1,y_1)$ 是(几何光学近似下)如下的会聚球面波：

$$U_s(x_1,y_1) = \frac{f_l}{d} P\left(\frac{f_l}{d}x_1, \frac{f_l}{d}y_1\right) e^{-i\frac{k}{2d}(x_1^2+y_1^2)} \tag{4.13}$$

当距离 $d \ll f_l$ 时，这一光场是有效的。然后，物体后表面场为

$$U(x_1,y_1) = \frac{f_l}{d} P\left(\frac{f_l}{d}x_1, \frac{f_l}{d}y_1\right) e^{-i\frac{k}{2d}(x_1^2+y_1^2)} t_A(x_1,y_1) \tag{4.14}$$

最后，使用式(4.6)计算从物体到焦平面的传播，得

$$U(x_2,y_2) = \frac{f_l}{d} \frac{1}{i\lambda d} e^{i\frac{k}{2d}(x_2^2+y_2^2)} \tag{4.15}$$

$$\times \int_{-\infty}^{\infty} \int_{-\infty}^{\infty} t_A(x_1,y_1) P\left(x_1\frac{d}{f_l}, y_1\frac{d}{f_l}\right) e^{-i\frac{2\pi}{\lambda d}(x_1x_2+y_1y_2)} dx_1 dy_1 \tag{4.16}$$

如前，光场可以以 FT 的形式进行投射，得

$$U(x_2,y_2) = \frac{f_l}{d} \frac{1}{i\lambda d} e^{i\frac{k}{2d}(x_2^2+y_2^2)} \mathcal{F}\left\{ t_A(x_1,y_1) P\left(x_1\frac{d}{f_l}, y_1\frac{d}{f_l}\right) \right\} \bigg|_{f_x=\frac{x_2}{\lambda d}, f_y=\frac{y_2}{\lambda d}} \tag{4.17}$$

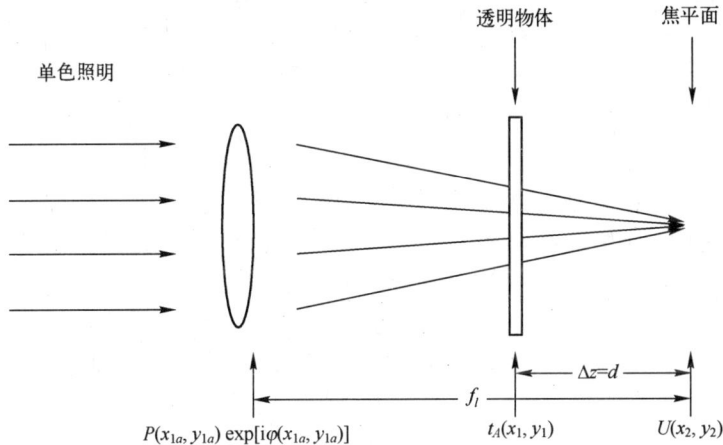

图 4.4　物体置于透镜后方的透镜几何图示

程序 4.5 给出了物平面到焦平面的 MATLAB 函数 lens_behind_ft。

程序 4.5　在 MATLAB 软件中运行会聚透镜后方物体从光瞳平面到焦平面的传播

```
1    function [x2 y2 Uout]…
2        =lens_behind_ft(Uin,wvl,d1,f,d)
3    % function [x2 y2 U_out]…
4    %    =lens_behind_ft(Uin,wvl,d1,f,d)
```

```
5
6          N = size( Uin, 1);        % assume square grid
7          k = 2 * pi/wvl;           % optical wavevector
8          fX = ( -N/2 : 1 : N/2 - 1)/( N * d1);
9          % observation plane coordinates
10         [ x2 y2] = meshgrid( wvl * d * fX);
11         clear( 'fX' );
12
13         % evaluate the Fresnel−Kirchhoff integral but with
14         % the quadratic phase factor inside cancelled by the
15         % phase of the lens
16         Uout = f/d * 1/( i * wvl * Dz)…
17            . * exp( i * k/( 2 * d) * (u.^2+v.^2)). * ft2( Uin, d1);
```

4.3 习题

1. 重复 4.1 节中的实例,在源平面存在 1mm×1mm 的方形孔径。将数值和解析结果一起显示在同一曲线中。

2. 重复 4.1 节中的实例,在源平面存在双缝孔径,包含两个间隔为 0.5mm 的 1mm×1mm 的方形孔径。将数值和解析结果一起显示在同一曲线中。

3. 重复 4.1 节中的实例,在源平面存在 1mm×1mm 的方形振幅光栅。设振幅透过率为

$$t_A(x_1,y_1) = \frac{1}{2}\left[1+\cos(2\pi f_0 x_1)\right]\mathrm{rect}\left(\frac{x_1}{D}\right)\mathrm{rect}\left(\frac{y_1}{D}\right) \tag{4.18}$$

其中,$f_0 = 10/D$。将数值和解析结果一起显示在同一曲线中。

4. 重复 4.1 节中的实例,在源平面存在 1mm×1mm 的方形相位光栅。设振幅透射率为

$$t_A(x_1,y_1) = \mathrm{e}^{\mathrm{i}2\pi\cos(2\pi f_0 x_1)}\mathrm{rect}\left(\frac{x_1}{D}\right)\mathrm{rect}\left(\frac{y_1}{D}\right) \tag{4.19}$$

其中,$f_0 = 10/D$。将数值和解析结果一起显示在同一曲线中。

5. 一个 1μm 波长的高斯激光正入射到透镜。束腰位于宽度为 $w = 2$cm 透镜上,透镜焦距为 1m。假设透镜具有无限直径,数值和解析计算焦平面上的衍射图样。将数值和解析结果一起显示在同一曲线中。

第5章 成像系统和像差

数值计算单色光的成像系统实际上是二维分立卷积的一个简单拓展,正如 3.1 节所讨论的。这是因为光对一个成像系统的响应,不管光是相干的还是不相干的,都可以建模成一个线性系统。确定一个成像系统的脉冲响应更加复杂,尤其当系统没有对图像进行精确聚焦。由于像差的出现,成像系统经常会发生这种不精确聚焦。在这一章,首先处理像差。然后,展示像差如何影响成像系统的脉冲响应。最后,将讨论成像系统的性能。

5.1 像差

来自于扩展物体的光可以看作是点源的连续统一体。每一个点源向所有方向发射光线,如图 5.1 所示。在几何光学中,来自给定物点的光线通过理想成像系统中的所有路径,将聚焦到另一个点。物体的每一点发射(或反射)一个光场,该光场在成像系统的入瞳变成发散球面波。为了将这一光场聚焦到像平面上的某一点,成像系统必须施加球面相位延迟,将发散球面波前转换为一个会聚球面波前。像差是相对于球面相位延迟的偏差,使得来自于给定物点的光线离焦并形成一个有限尺寸的光斑。当像被看作一个整体,像差使其变得模糊。来自不同物点的光,根据到光轴的距离,可能在像平面经历不同的像差。然而,对于本书的目的,我们不关心与场角有关的像差,并假设其为常数。

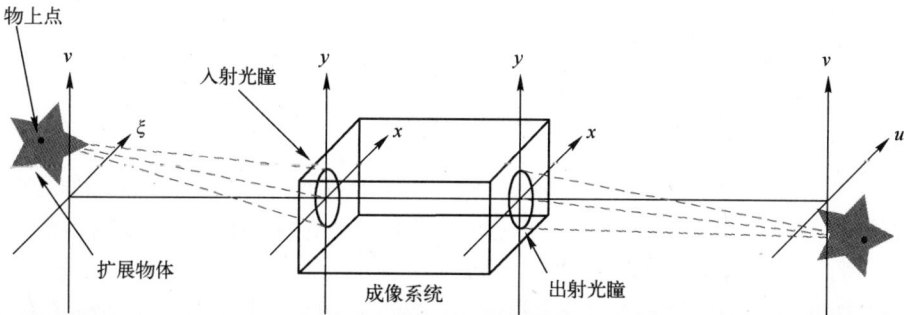

图 5.1 成像系统模型

根据对成像系统的详细描述,光线追迹可以用于确定给定物点的波前像差。一些光学设计软件非常适用于这类课题,如 CODE V[16]、OSLO[17] 和 ZEMAX[18]。本书简单假设光线追迹已经完成并使用其得到的像差。像差可以表示成以波为单位的波前 $W(x,y)$,或者以弧度为单位的光相位 $\phi = (x,y) = 2\pi W(x,y)$。然后,可通过将切趾和像差的作用合并成一个复杂函数来写出一个一般性的光瞳函数 $\mathcal{P}(x,y)$:

$$\mathcal{P}(x,y) = P(x,y)\,\mathrm{e}^{\mathrm{i}2\pi W(x,y)} \tag{5.1}$$

5.1.1 赛德尔像差

通常可以根据如下公式将任意波前像差写成多项式展开式:

$$W(x,y) = A_0 + A_1 r\cos\theta + A_2 r\sin\theta + A_3 r^2 + A_4 r^2\cos(2\theta)$$
$$+ A_5 r^2\sin(2\theta) + A_6 r^3\cos\theta + A_7 r^3\sin\theta + A_8 r^4 + \cdots \tag{5.2}$$

式中:r 为归一化的光瞳极坐标。

归一化的坐标为物理径向坐标除以光瞳半径,这样在孔径的边缘 $r = 1$。这些展开项的分类如表 5.1 所列。A_i 系数可能与场角有关,但是在 5.2 节讨论成像模拟时假设这些系数是常数。如果每个物点经历不同像差,那么每个物点的每个像点必须分别模拟。

表 5.1　一些赛德尔像差项及其名称

项	名　　称
A_0	平移
$A_1 r\cos\theta + A_2 r\sin\theta$	倾斜
$A_3 r^2$	离焦
$A_4 r^2\cos(2\theta) + A_5 r^2\sin(2\theta)$	像散
$A_6 r^3\cos\theta + A_7 r^3\sin\theta$	彗差
$A_8 r^4$	球差

5.1.2 泽尔尼克圆多项式

由于形式简单,之前章节的多项式展开是十分方便的,并且是利用光线追迹直接得到的。然而,其数学属性是缺乏的。当像差变得复杂,最好使用完备和正交的表征,所以这里描述一个满足完备和正交的表征。大多数情况下都处理圆形孔径,以上的多项式展开对圆形孔径不是正交的。然而,泽尔尼克圆多项式对圆形孔径是完备和正交的。需要注意的是,泽尔尼克环多项式对于环形孔径是正交的,泽尔

58

尼克-高斯圆多项式对高斯孔径是正交的,泽尔尼克-高斯环多项式对高斯环形孔径是正交的[19]。存在对称泽尔尼克矢量多项式,其点乘对圆形孔径也是正交的[20,21]。这些表征都是非常有趣和有用的,但是本书只讨论泽尔尼克圆多项式。

存在若干种用于定义泽尔尼克圆多项式的约定和排序方案[4,19,22,23]。本书使用诺尔约定[22],多项式定义为

$$Z_n^m(r,\theta) = \sqrt{2(n+1)}\, R_n^m(r) G^m(\theta) \tag{5.3}$$

式中:m,n 为非负整数,并且 $m \leqslant n$。

然而,只用一个索引就可以方便地写出 $Z_n^m(r,\theta)$

$$Z_i(r,\theta) = \begin{cases} \sqrt{2(n+1)}\, R_n^m(r) G^m(\theta) & (m \neq 0) \\ R_n^0(r) & (m = 0) \end{cases} \tag{5.4}$$

$(n,m) \rightarrow i$ 的映射是复杂的,但是表 5.2 给出了前 36 个泽尔尼克多项式的排序。径向和方位角因数 $R_n^m(r)$ 和 $G^m(\theta)$ 由下式给出[23]:

$$R_n^m(r) = \sum_{s=0}^{(n-m)/2} \frac{(-1)^s (n-s)!}{s! \left(\dfrac{n+m}{2}-s\right)! \left(\dfrac{n-m}{2}-s\right)!} r^{n-2s} \tag{5.5a}$$

$$G^m(\theta) = \begin{cases} \sin(m\theta) & (i\ \text{为奇数}) \\ \cos(m\theta) & (i\ \text{为偶数}) \end{cases} \tag{5.5b}$$

程序 5.1 给出了给定模数 i 和单位圆上归一化极坐标情况下计算式(5.4)的 MATLAB 函数泽尔尼克多项式的代码。读者应该注意式(5.5)中的阶乘在 MATLAB 中编译成 gamma 函数[$s! = \Gamma(s+1)$],因为运行 gamma 函数比 factorial 函数快得多。

表 5.2　前 36 项泽尔尼克多项式

n	m	i	$Z_n^m(r,\theta)$	名　称
0	0	1	1	平移
1	1	2	$2r\cos\theta$	x 倾斜
1	1	3	$2r\sin\theta$	y 倾斜
2	0	4	$\sqrt{3}(2r^2-1)$	离焦
2	2	5	$\sqrt{6}r^2\sin(2\theta)$	y 轴初级像散
2	2	6	$\sqrt{6}r^2\cos(2\theta)$	x 轴初级像散
3	1	7	$\sqrt{8}(r^3-2r)\sin(2\theta)$	y 轴初级彗差
3	1	8	$\sqrt{8}(r^3-2r)\cos(2\theta)$	x 轴初级彗差
3	3	9	$\sqrt{8}r^3\sin(3\theta)$	y 轴三叶草像差
3	3	10	$\sqrt{8}r^3\cos(3\theta)$	x 轴三叶草像差
4	0	11	$\sqrt{5}(6r^4-6r^2+1)$	初级球差

n	m	i	$Z_n^m(r,\theta)$	名　称
4	2	12	$\sqrt{10}(4r^4-3r^2)\cos(2\theta)$	x 轴次级像散
4	2	13	$\sqrt{10}(4r^4-3r^2)\sin(2\theta)$	y 轴次级像散
4	4	14	$\sqrt{10}\,r^4\cos(4\theta)$	x 轴四叶草
4	4	15	$\sqrt{10}\,r^4\sin(4\theta)$	y 轴四叶草
5	1	16	$\sqrt{12}(10r^5-12r^3+3r)\cos\theta$	x 轴次级彗差
5	1	17	$\sqrt{12}(10r^5-12r^3+3r)\sin\theta$	y 轴次级彗差
5	3	18	$\sqrt{12}(5r^5-4r^3)\cos(3\theta)$	x 轴次级三叶草像差
5	3	19	$\sqrt{12}(5r^5-4r^3)\sin(3\theta)$	y 轴次级三叶草像差
5	5	20	$\sqrt{12}\,r^5\cos(5\theta)$	x 轴五叶草像差
5	5	21	$\sqrt{12}\,r^5\sin(5\theta)$	y 轴五叶草像差
6	0	22	$\sqrt{7}(20r^6-30r^4+12r^2-1)$	次级球差
6	2	23	$\sqrt{14}(15r^6-20r^4+6r^2)\sin(2\theta)$	y 轴三级像散
6	2	24	$\sqrt{14}(15r^6-20r^4+6r^2)\cos(2\theta)$	x 轴三级像散
6	4	25	$\sqrt{14}(6r^6-5r^4)\sin(4\theta)$	y 轴次级四叶草像差
6	4	26	$\sqrt{14}(6r^6-5r^4)\cos(4\theta)$	x 轴次级四叶草像差
6	6	27	$\sqrt{14}\,r^6\sin(6\theta)$	
6	6	28	$\sqrt{14}\,r^6\cos(6\theta)$	
7	1	29	$4(35r^7-60r^5+30r^3-4r)\sin\theta$	y 轴三级彗差
7	1	30	$4(35r^7-60r^5+30r^3-4r)\cos\theta$	x 轴三级彗差
7	3	31	$4(21r^7-30r^5+10r^3)\sin(3\theta)$	
7	3	32	$4(21r^7-30r^5+10r^3)\cos(3\theta)$	
7	5	33	$4(7r^7-6r^5)\sin(5\theta)$	
7	5	34	$4(7r^7-6r^5)\cos(5\theta)$	
7	7	35	$4r^7\sin(7\theta)$	
7	7	36	$4r^7\cos(7\theta)$	
8	0	37	$3(70r^8-140r^6+90r^4-20r^2+1)$	三级球差

程序 5.1　在 MATLAB 软件中计算泽尔尼克多项式的代码

```
1    function Z=zernike(i,r,theta)
2    % function Z=zernike(i,r,theta)
3    % Creates the Zernike polynomial with mode index I,
4    % where i=1 corresponds to piston
5    load('zernike_index');   % load the mapping of(n,m)to i
6    n=zernike_index(i,1);
7    m=zernike_index(i,2);
```

```
8    if m = = 0
9        Z = sqrt(n+1) * zrf(n,0,r);
10   else
11       if mod(i,2) = = 0    % i is even
12           Z = sqrt(2 * (n+1)) * zrf(n,m,r). * cos(m * theta);
13       else % i is odd
14           Z = sqrt(2 * (n+1)) * zrf(n,m,r). * sin(m * theta);
15       end
16   end
17   return
18
19   % Zernike radial function
20   function R = zrf(n,m,r)
21   R = 0;
22   for s = 0:(n-m)/2
23       num = (-1)^s * gamma(n-s+1);
24       denom = gamma(s+1) * gamma((n+m)/2-s+1)...
25           * gamma((n-m)/2-s+1);
26       R = R+num/denom * r.^(n-2 * s);
27   end
```

图 5.2 所示为 3 个不同泽尔尼克多项式的实例,分别为 3 个不同阶的 X 轴初级像散。在图(a)中,$n=2$ 和 $m=2$;在图(b)中,$n=4$ 和 $m=2$;在图(c)中,$n=6$ 和 $m=2$。因此,所有 3 个图具有相同的方位角关系,$\cos(2\theta)$,而彼此径向关系是不同的。对初级、次级和第三级像散,最大的幂次分别是 2、4 和 6。当从光瞳中心到边缘追踪每一个模式的径向部分时,更高阶的模式将具有更多的波峰、波谷和零交叉。

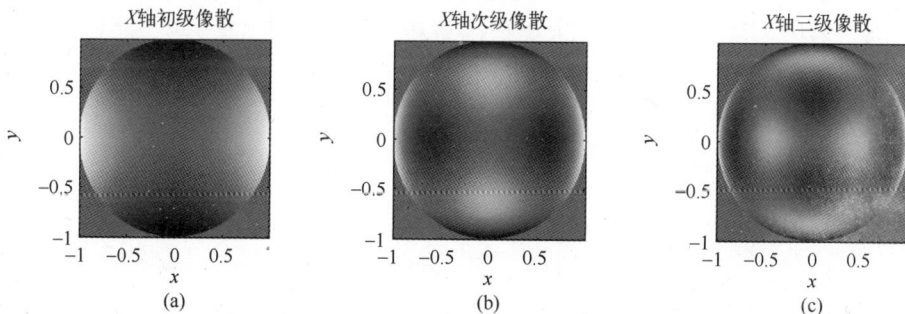

图 5.2　三阶泽尔尼克像散曲线
(a) $i=6$;(b) $i=12$;(c) $i=24$。

由于模式被完备定义,任何波前 $W(r,\theta)$ 都可以写成系数 a_i 的泽尔尼克数列

$$W(r,\theta) = \sum_{i=1}^{\infty} a_i Z_i(r,\theta) \tag{5.6}$$

这种表征具有很多优点,将在下面讨论。

泽尔尼克多项式的关键属性是在单位圆内是正交的。泽尔尼克多项式这种约定的正交关系为

$$\int_0^1 R_n^m(r) R_{n'}^m(r) r dr = \frac{1}{2n+1} \delta_{nn'} \tag{5.7}$$

$$\int_0^{2\pi} G^m(\theta) G^{m'}(\theta) d\theta = \pi \delta_{mm'} \tag{5.8}$$

$$\Rightarrow \int_0^{2\pi} \int_0^1 Z_i(r,\theta) Z_{i'}(r,\theta) r dr d\theta = \pi \delta_{nn'} \delta_{mm'} = \pi \delta_{ii'} \tag{5.9}$$

利用正交关系,给定波前可以通过计算泽尔尼克系数分解成泽尔尼克数列

$$a_i = \frac{\displaystyle\int_0^{2\pi} \int_0^1 W(r,\theta) Z_i(r,\theta) r dr d\theta}{\displaystyle\int_0^{2\pi} \int_0^1 Z_i^2(r,\theta) r dr d\theta} \tag{5.10}$$

无论是模拟还是测量,经常将一个二维波前的表征投射到一个采样的二维笛卡儿网格上。在这种情况下,可以将式(5.10)改写成如下笛卡儿坐标 x_p 和 y_q 的分立加和,即

$$a_i = \frac{\displaystyle\sum_p \sum_q W(x_p, y_q) Z_i(x_p, y_q)}{\displaystyle\sum_p \sum_q Z_i^2(x_p, y_q)} \tag{5.11}$$

在式(5.11)中,加和覆盖在光学孔径内的所有 p 和 q。应该注意,式(5.11)与 x_p 和 y_q 的值并没有实际的联系,而只取决于在 x_p 和 y_q 位置上波前和泽尔尼克多项式的值。为明确这一点,定义如下符号的变化:

$$W_{pq} = W(x_p, y_q) \quad Z_{i,pq} = Z_i(x_p, y_q) \tag{5.12}$$

并使用这一新符号,得

$$a_i = \frac{\displaystyle\sum_p \sum_q W_{pq} Z_{i,pq}}{\displaystyle\sum_p \sum_q Z_{i,pq}^2} \tag{5.13}$$

使用索引 j 代替 p 和 q 可以进一步简化符号。这种涉及孔径内所有波前和泽尔尼克值的方法可以在列主序、行主序或其他排序下完成。这一排序的选择不影响计算结果,然而不同的程序(或脚本)语言只使用特定的排序。例如,C 和 C++

62

使用行主序排列,而 MATLAB 使用列主序排列。下面,对孔径内不同采样只使用索引 j,给出如下关系

$$a_i = \frac{\sum_j W_j Z_{i,j}}{\sum_q Z_{i,j}^2} \tag{5.14}$$

相同的离散化和线性索引可应用于式(5.6),导致

$$W_j \approx \sum_{i=1}^{n_Z} Z_{i,j} a_i \tag{5.15}$$

式中:n_Z 为正在使用的模数。

由于网格是分立的,这一关系只是近似的。使用更多的格点可以提高准确度[24]。这种线性索引提供了一种新的解释。可将式(5.15)看作是矢量矩阵乘积。现在,将元素 W_i 的列矢量标记为 W,将元素 $Z_{i,j}$ 的矩阵标记为 Z,将元素 A_i 的列矢量标记为 A。为了清楚起见,Z 的列由在每个孔径位置上计算的单个泽尔尼克多项式构成,则有

$$Z = \begin{bmatrix} Z_1 | Z_2 | \cdots | Z_{n_Z} \end{bmatrix} \tag{5.16}$$

式中:Z_1,Z_2 等为线性索引的泽尔尼克值;W 的行数等于孔径内格点数;A 的行数等于正在使用的模数。相应地,Z 的行数等于格点数,列数等于模数。

最后,式(5.15)变为简单公式

$$W = ZA \tag{5.17}$$

与线性代数相似,可以将式(5.14)看作是式(5.17)的摩尔-彭罗斯广义逆阵(最小二乘)解,以矩阵符号写成如下形式:

$$A = (Z^T Z)^{-1} Z^T W \tag{5.18}$$

这里形成的矢量矩阵在符号上是简洁的,在许多程序语言中可以以单列代码的形式执行这些矩阵。例如,线性代数包,如 Linear Algebra PACKage (LAPACK)[25]和 Basic Linear Algebra Subroutines(BLAS)[26,27],可用于 C 或 FORTRAN 语言,提供许多快速执行的矩阵和矢量乘法。程序 5.2 给出了将一个复杂相位投射到泽尔尼克模式的 MATLAB 实例。代码中测试的相位是模式 2、4 和 21 的权重加和,权重分别为 0.5、0.25 和-0.6。执行代码时,计算得到的矩阵 A 中的值分别是 0.5、0.25 和-0.6。

5.1.2.1 分解和模式移除

之前小节阐述了如何在给定泽尔尼克系数情况下计算一个相图的泽尔尼克模式成分。知道泽尔尼克成分将是非常有用的。例如,我们已知一个光学系统的测量像差,并且想知道如果设计一个元件来补偿部分像差会发生什么。举一个实际的例子,眼镜和隐形眼镜经常用于补偿焦距或像散。

程序 5.2　计算任意波前泽尔尼克系数的实例

```
1    % example_zernike_projection. m
2
3    N=32;          % number of grid points per side
4    L=2;           % total size of the grid [m]
5    delta=L/N;     % grid spacing[m]
6    % cartesian & polar coordinates
7    [x y]=meshgrid((-N/2:N/2-1)*delta);
8    [theta r]=cart2pol(x,y);
9    % unit circle aperture
10   ap=circ(x,y,2);
11   % 3 Zernike modes
12   z2=zernike(2,r,theta).*ap;
13   z4=zernike(4,r,theta).*ap;
14   z21=zernike(21,r,theta).*ap;
15   % create the aberration
16   W=0.5*z2+0.25*z4-0.6*z21;
17   % find only grid points within the aperture
18   idx=logical(ap);
19   % perform linear indexing in column-major order
20   W=W(idx)
21   Z=[z2(idx)z4(idx)z21(idx)];
22   % solve the system of equations to compute coefficients
23   A=Z\W
```

　　真实的像差 $W(r,\theta)$ 可能包含大量的模式，但是人们可能只对一个有限模式版本的 $W'(r,\theta)$ 感兴趣。定义 $W(r,\theta)$ 的有限模式版本为

$$W'(r,\theta) = \sum_{i=1}^{n_Z} a_i Z_i(r,\theta) \qquad (5.19)$$

则

$$W(r,\theta) = W'(r,\theta) + \sum_{i=n_Z+1}^{\infty} a_i Z_i(r,\theta) \qquad (5.20)$$

这对于部分校正像差来说是一个好框架。对于眼镜和隐形眼镜，我们忽略模式 1~3，因这 3 项不影响视觉图像质量。校正镜片可以补偿模式 4、5 和 6。在这种情况下，$n_Z=6$，并且眼镜看到的是包含 $i=7$ 以上模式剩余像差的图像。幸运的是，这些剩余模式的系数通常比被补偿模式的系数小得多。

64

自适应光学系统像一个可动态变形的高分辨率"隐形眼镜",用于成像望远镜和相机。波前探测器用于快速感知像差(有时超过 10000 帧/s)和调整可变形镜的图像来补偿像差[23]。今天的许多天文望远镜使用自适应光学来补偿由地球湍流大气成像引起的相位像差。可变形镜只能复制有限数量的泽尔尼克模式,所以总存在一些反射镜未修正的剩余像差。程序 5.3 给出了一个产生湍流像差随机画面并提供有限模式版本 $W'(r,\theta)$(产生 9.3 节中涉及的像差)的实例。图 5.3 显示原始屏幕和限制到 3、16、36 和 100 个模式的版本。注意有限模式版本,随着更多模式引入到泽尔尼克数列表征,如何与原始像差越来越相似。

程序 5.3 合成任意像差有限模式版本的实例,本实例中的
像差是在 9.3 节讨论的大气相位屏幕的随机画面

```
1    % example_zernike_synthesis. m
2
3    N=40;          % number of grid points per side
4    L=2;           % total size of the grid [m]
5    delta=L/N;     % grid spacing[m]
6    % cartesian & polar coordinates
7    [x y] = meshgrid((-N/2:N/2-1) * delta);
8    [theta r] = cart2pol(x,y);
9    % unit circle aperture
10   ap=circ(x,y,2);
11   % indices of grid points in aperture
12   idxAP=logical(ap);
13   % create atmospheric phase screen
14   r0=L/20;
15   screen=ft_phase_screen(r0,N,delta,inf,0)...
16       /(2 * pi). * ap;
17   W = screen(idxAP);                % perform linear indexing
18
19   %%% analyze screen
20   nModes=100;                       % number of Zernike modes
21   %create matrix of Zernike polynomial values
22   Z=zeros(numel(W),nModes);
23   for idx = 1:nModes
24       temp=Zernike(idx,r,theta);
25       Z(:,idx) = temp(idxAp);
26   end
27   % compute mode coefficients
```

```
28   A = Z\W;
29   % synthesize mode-limited screen
30   W_prime = Z * A;
31   % reshape mode-limited screen into 2-D for display
32   scr = zeros(N);
33   scr(idxAp) = W_prime;
```

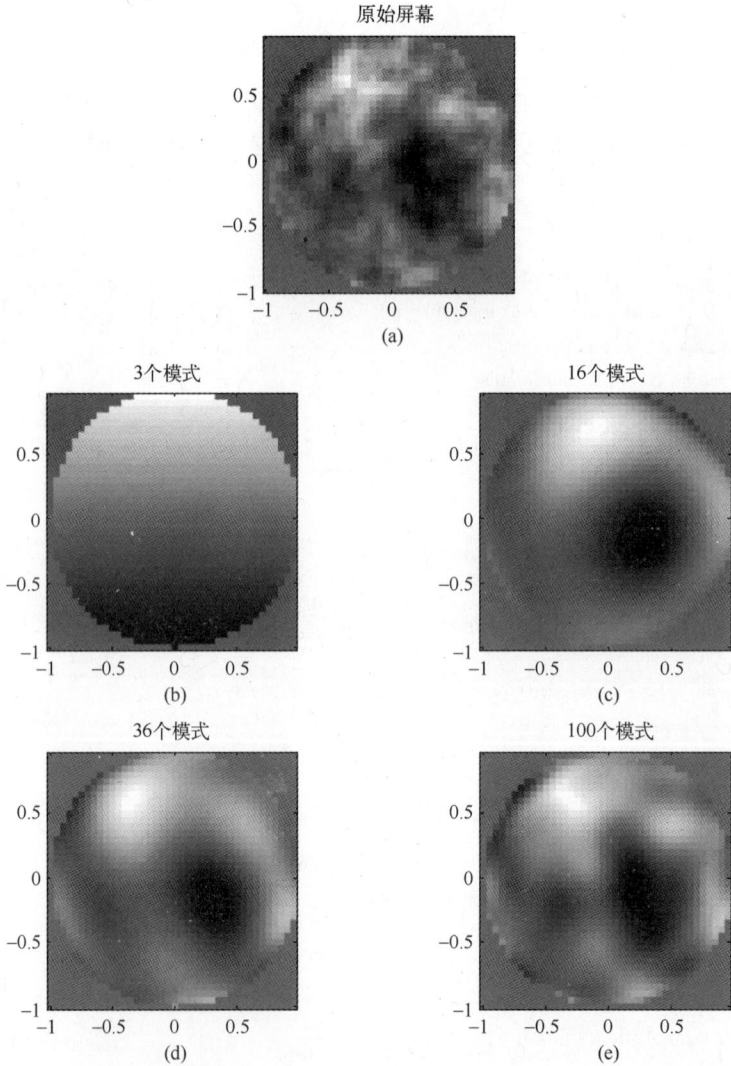

原始屏幕

(a)

3个模式

(b)

16个模式

(c)

36个模式

(d)

100个模式

(e)

图 5.3 有限模屏幕图像。顶层图(a)显示原始屏幕,下面(b)～(e)分别显示
限制到 3、16、36 和 100 个模式的屏幕

检查有限模式像差的剩余相位也同样有趣。图5.4显示对每一个图5.3有限模式像差的余数(剩余项,式(5.20)的第二项)。需要注意的是,随着更多模式引入到泽尔尼克数列表征,剩余相位的结构将变得更加精细。也需要注意,自适应光学系统通常使用一个快速转向镜来补偿湍流引入的倾斜,通过变形镜对第4和更高阶模式进行补偿。相应地,在图5.4左上角的剩余相位显示了可变形镜必须补偿的像差。对于一个可以表征高达前100项泽尔尼克模式的可变形镜,图5.4的右下角显示了经过变形镜之后仍然使图像模糊的剩余像差。从图中可以看到,如果设计合理自适应光学,通常可以明显减少像差并极大改善成像效果。

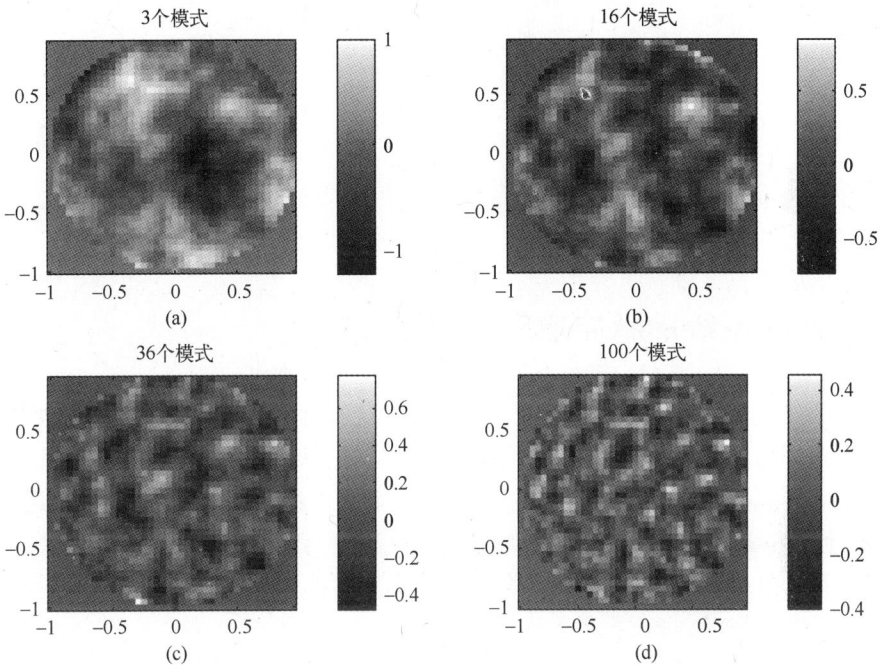

图5.4 有限模的剩余相位图像,这些是图5.3中有限模式的残余相位

5.1.2.2 RMS 波前像差

整个孔径平均的波前像差 rms 值 σ 经常可以方便地描述波前像差,直接由下式计算波前的均方偏差:

$$\sigma^2 = \frac{1}{\pi} \int_0^{2\pi} \int_0^1 [W(r,\theta) - \overline{W}]^2 r \mathrm{d}r \mathrm{d}\theta \tag{5.21}$$

式中:$\overline{W}$ 为整个孔径 W 的平均。

注意式(5.21)中,平均包括整个光瞳区域,π 代表单位直径圆。将波前写成泽尔尼克数列,得

$$\sigma^2 = \frac{1}{\pi} \int_0^{2\pi} \int_0^{\infty} \Big[\sum_{i=2}^{\infty} a_i Z_i(r,\theta) \Big]^2 r \mathrm{d}r \mathrm{d}\theta \tag{5.22}$$

式中:加和是从 $i=2$ 开始的,因为 $\overline{W}$ 是 $i=1$ 项。现在将平方和因式分解成两个数列的简单乘积,得

$$\sigma^2 = \frac{1}{\pi} \int_0^{2\pi} \int_0^1 \Big[\sum_{i=2}^{\infty} a_i Z_i(r,\theta) \Big] \Big[\sum_{i'=2}^{\infty} a_{i'} Z_{i'}(r,\theta) \Big] r \mathrm{d}r \mathrm{d}\theta \tag{5.23}$$

$$= \frac{1}{\pi} \sum_{i=2}^{\infty} a_i \sum_{i'=2}^{\infty} a_{i'} \int_0^{2\pi} \int_0^1 Z_i(r,\theta) Z_{i'}(r,\theta) r \mathrm{d}r \mathrm{d}\theta \tag{5.24}$$

$$= \frac{1}{\pi} \sum_{i=2}^{\infty} a_i \sum_{i'=2}^{\infty} a_{i'} \pi \delta_{ii'} \tag{5.25}$$

$$= \sum_{i=2}^{\infty} a_i^2 \tag{5.26}$$

这意味着通过泽尔尼克系数的简单平方和可以发现波前的变化,这是采用正交基组描述像差的一个非常便利的优点。

5.2 成像系统的脉冲响应和传递函数

像差与成像系统的脉冲响应有很强的相关性。而且,图 5.1 中显示的成像系统模型根据物体照明相干性具有不同的脉冲响应。如果照明是空间相干的,脉冲响应称为振幅扩展函数(或相干扩展函数),系数的频率响应称为振幅传递函数(或相干传递函数)[5],将在 5.2.1 节中进行讨论。如果照明是空间非相干的,脉冲响应称为点扩展函数,系统的频率响应称为光学传递函数(OTF),其幅值称为调制传递函数(MTF),将在 5.2.2 节中讨论。

应该注意,波前的像差与照明没有关系,只与成像系统的光学元件有关。然而,像差对成像的影响与照明的相干性有关。

5.2.1 相干成像

当光是相干的,成像系统在光场是线性的。因此,根据下式确定,图像的振幅 $U_i(u,v)$ 是物体振幅 $U_o(u,v)$ 与振幅扩展函数 $h(u,v)$ 的卷积。

$$U_i(u,v) = \int_{-\infty}^{\infty} \int_{-\infty}^{\infty} h(u-\eta,v-\xi) U_o(\eta,\xi) \mathrm{d}\xi \mathrm{d}\eta \tag{5.27}$$

$$= h(u,v) \otimes U_o(u,v) \tag{5.28}$$

这里假设成像系统具有单位放大率。考虑到放大率只需要知道物体坐标的缩放比

例[5],振幅扩展函数为

$$h(u,v) = \frac{1}{\lambda z_i} \int_{-\infty}^{\infty} \int_{-\infty}^{\infty} \mathcal{P}(x,y) e^{-i\frac{2\pi}{\lambda z_i}(ux+vy)} \, dxdy \tag{5.29}$$

$$= \frac{1}{\lambda z_i} \mathcal{F}\{\mathcal{P}(x,y)\}_{f_x=\frac{u}{\lambda z_i}, f_y=\frac{v}{\lambda z_i}} \tag{5.30}$$

式中:$\mathcal{P}(x,y)$ 为式(5.1)定义的一般光瞳函数;z_i 为像距。

程序5.4给出了如何计算相干图像的实例,假设物体和成像系统振幅扩展函数已知。在实例中,物体包含如图5.5(a)所示3个平行矩形狭缝。像差是0.05波的泽尔尼克离焦($i=4$),在第13行中计算。得到的一般光瞳函数在第15行中计算。第17行使用ft2函数计算了振幅扩展函数,如图5.5(b)所示。注意狭缝比物体窄得多。如3.1节记录的,这是典型的线性系统脉冲响应。最后,图像场由物体场和振幅扩散函数在第25行使用conv2函数卷积形成。得到的物体强度显示在图5.5中。

程序5.4 在MATLAB软件中相干成像的实例

```
1    % example_coh_img. m
2
3    N=256;              % number of grid points per side
4    L=0.1;              % total size of the grid [m]
5    D=0.07              % diameter of pupil [m]
6    delta=L/N;          % grid spacing[m]
7    wvl=1e-6;           % optical wavelength[m]
8    z=0.25;             % image distance[m]
9    % pupil-plane coordinates
10   [x y]=meshgrid((-N/2:N/2-1) * delta);
11   [theta r]=cart2pol(x,y);
12   % wavefront aberration
13   W=0.05 * Zernike(4,2 * r/D,theta);
14   % complex pupil function
15   P=circ(x,y,D). * exp(i * 2 * pi * W);
16   % amplitude spread function
17   h=ft2(P,delta);
18   delta_u=wvl * z/(N * delta);
19   %image-plane coordinates
20   [u v]=meshgrid((-N/2:N/2-1) * delta_u);
```

```
21   % object( same coordinates as h)
22   obj = ( rect( u−1.4e−4)/5e−5) +rect( u/5e−5) …
23       +rect(( u+1.4e−4)/5e−5)). ∗ rect( v/2e−4) ;
24   % convolve the object with the ASF to simulate imaging
25   img = myconv2( obj,h,1) ;
```

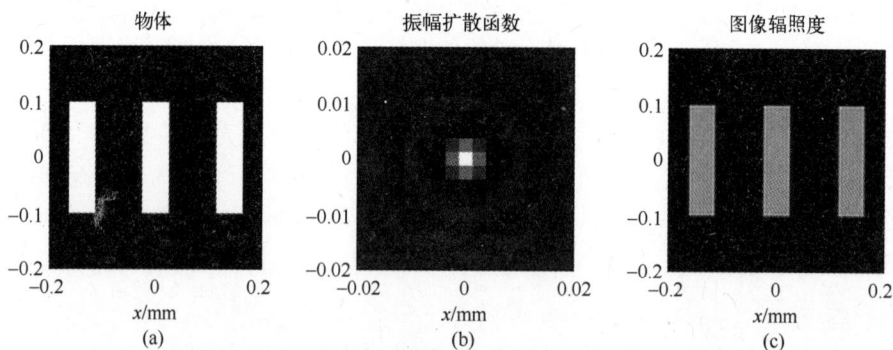

物体 振幅扩散函数 图像辐照度

图 5.5 相干成像的实例

(a) 物体;(b) 离焦引起的振幅扩散函数;(c) 由于 0.05 波离焦模糊的相干图像。

如果卷积定理应用到式(5.27),结果为

$$\mathcal{F}\{U_i(u,v)\} = \mathcal{F}\{h(u,v)\}\mathcal{F}\{U_o(u,v)\} \tag{5.31}$$

在这种形式下,可以清楚地看到振幅扩展函数的傅里叶光谱调制物体光谱而得到衍射图像,这详述了物体频率光谱是如何通过成像系统传递给衍射图像的,所以定义系统的这一属性为振幅传递函数,可由下式给出

$$H(f_x,f_y) = \mathcal{F}\{h(u,v)\} \tag{5.32}$$

$$= \mathcal{F}\left\{\frac{1}{\lambda z_i}\mathcal{F}\{\mathcal{P}(x,y)\}_{f_x = \frac{u}{\lambda z_i}, f_y = \frac{v}{\lambda z_i}}\right\} \tag{5.33}$$

$$= \lambda z_i \mathcal{P}(-\lambda z_i f_x, -\lambda z_i f_y) \tag{5.34}$$

在最后的等式中,式(5.30)用于以系统光瞳函数的形式写出振幅传递函数。当考虑普通孔径时,如圆形孔径,成像系统的低通滤波属性是非常明显的。式(5.34)表明直径为 D 的圆形孔径将均等透过所有 $(f_x^2+f_y^2)^{1/2} < D/(2\lambda z_i)$ 的频率而完全滤掉所有更高的频率。这样,图像振幅是严格的有限带宽函数。

5.2.2　非相干成像

当光是空间非相干的,图像辐照度是物体辐照度与点扩展函数(PSF) 的卷积:

$$I_i(u,v) = \int_{-\infty}^{\infty} \int_{-\infty}^{\infty} |h(u-\eta, v-\xi)|^2 I(\eta, \xi)\, \mathrm{d}\xi \mathrm{d}\eta \tag{5.35}$$

$$= |h(u,v)|^2 \otimes I(u,v) \tag{5.36}$$

点扩展函数是振幅扩展函数的简单平方模。程序5.5给出了在给定物体和成像系统振幅扩散情况下如何计算非相干成像的实例。物体和像差与相干实例中相同。基本计算也是相同的(物体辐照度与成像系统的点扩展函数卷积除外),结果显示在图5.6中。

程序 5.5 在 MATLAB 软件中非相干成像的实例

```
1    % example_incoh_img. m
2
3    N = 256;              % number of grid points per side
4    L = 0.1;              % total size of the grid [ m]
5    D = 0.07              % diameter of pupil [ m]
6    delta = L/N;          % grid spacing[ m]
7    wvl = 1e-6;           % optical wavelength[ m]
8    z = 0.25;             % image distance[ m]
9    % pupil-plane coordinates
10   [ x y] = meshgrid( ( -N/2 : N/2-1) * delta) ;
11   [ theta r] = cart2pol( x,y) ;
12   % wavefront aberration
13   W = 0.05 * Zernike( 4,2 * r/D,theta) ;
14   % complex pupil function
15   P = circ( x,y,D) . * exp( i * 2 * pi * W) ;
16   % amplitude spread function
17   h = ft2( P,delta) ;
18   U = wvl * z/( N * delta) ;
19   % image-plane coordinates
20   [ u v] = meshgrid( ( -N/2 : N/2-1) * U) ;
21   % object( same coordinates as h)
22   obj = ( rect( u-1. 4e-4)/5e-5) +rect( u/5e-5) ...
23        +rect( ( u+1. 4e-4)/5e-5) ) . * rect( v/2e-4) ;
24   % convolve the object with the PSF to simulate imaging
25   img = myconv2( abs( obj) .^2,abs( h) .^2,1) ;
```

与相干情况相同,卷积定理可应用于式(5.35),并且现在的结果为

$$\mathcal{F}\{I_i(u,v)\} = \mathcal{F}\{|h(u,v)|^2\} \mathcal{F}\{I_o(u,v)\} \tag{5.37}$$

我们再一次看到PSF的傅里叶光谱调制物体的辐照度光谱得到衍射图像。在非

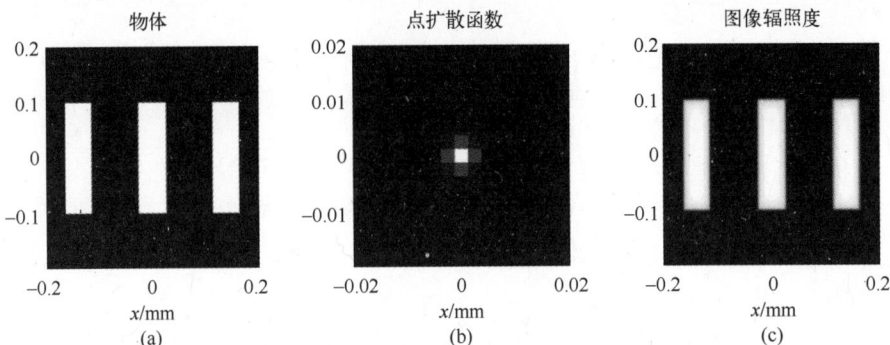

图 5.6 非相干成像的实例

（a）目标;（b）离焦的点扩散函数;（c）0.05 波离焦模糊的非相干图像。

相干的情况下,滤波函数（称光学传递函数）定义为

$$\mathcal{H}(f_x, f_y) = \frac{\mathcal{F}\{|h(u,v)|^2\}}{\int\limits_{-\infty}^{\infty}\int\limits_{-\infty}^{\infty}|h(u,v)|^2 du dv} \tag{5.38}$$

与相干情况类似,可把式（5.38）与光瞳函数相关联。应用自相关定理和巴塞伐尔定理,得

$$\mathcal{H}(f_x, f_y) = \frac{\int\limits_{-\infty}^{\infty}\int\limits_{-\infty}^{\infty} H^*(p - f_x, q - f_y) H(p,q) dp dq}{\int\limits_{-\infty}^{\infty}\int\limits_{-\infty}^{\infty}|H(p,q)|^2 dp dq} \tag{5.39}$$

$$= \frac{\int\limits_{-\infty}^{\infty}\int\limits_{-\infty}^{\infty} \mathcal{P}^*(x - \lambda z_i f_x, y - \lambda z_i f_y) \mathcal{P}(x,y) dx dy}{\int\limits_{-\infty}^{\infty}\int\limits_{-\infty}^{\infty}|\mathcal{P}(x,y)|^2 dx dy} \tag{5.40}$$

$$= \frac{\mathcal{P}^*(x,y) \star \mathcal{P}(x,y)}{\int\limits_{-\infty}^{\infty}\int\limits_{-\infty}^{\infty}|\mathcal{P}(x,y)|^2 dx dy}\Bigg|_{x = \lambda z_i f_x, y = \lambda z_i f_y} \tag{5.41}$$

半径为 D 圆形孔径的实例情况再次用于说明问题,可以证明圆形孔径的 OTF 是 $f = (f_x^2 + f_y^2)^{1/2}$ 的方位角对称函数:

$$\mathcal{H}(f) = \begin{cases} \dfrac{2}{\pi}\left[\arccos\left(\dfrac{f}{2f_0}\right) - \dfrac{f}{2f_0}\sqrt{1 - \left(\dfrac{f}{2f_0}\right)^2}\right] & (f \leqslant 2f_0) \\ 0 & (其他) \end{cases} \tag{5.42}$$

72

式中：$f_0 = D/(2\lambda z_i)$，f_0 为相干情况下的截止频率，但是如式（5.42）所示，当光是非相干的，高达 $2f_0$ 的频率可以通过光学系统（带有少量衰减）。非相干成像仍然是严格有限带宽的。与相干情况的另一个差别是所有频率的 $\mathcal{H}(f) \geq 0$。

图 5.7 所示为圆形孔径成像系统两个 OFT 的曲线。黑色实线是式（5.42）给出的无像差系统的 OTF。灰色点画线是孔径边缘波像差为 0.5 的离焦系统 OTF（通过数值积分计算）。可以清楚地看到，离焦图像具有许多比无像差图像衰减更多的频率成分。这也可以用更宽的 PSF 来表征，并引起图像的模糊。下一小节将讨论与成像质量有关的量度。

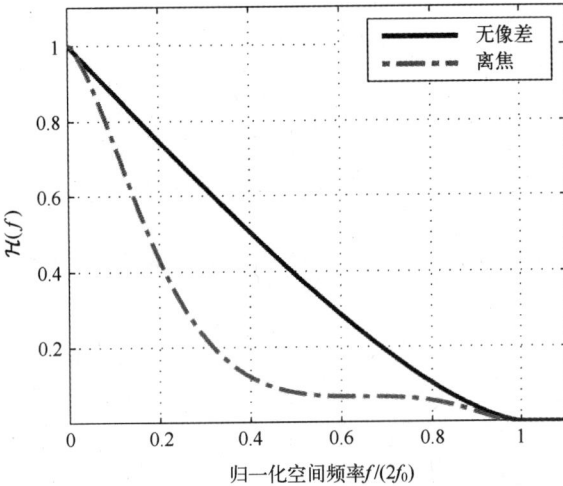

图 5.7 无像差和离焦成像系统的光学传递函数

5.2.3 斯特列尔比

成像系统的性能明显由振幅或点扩展函数决定。用单一数字量度来描述成像系统性能是非常便利的。最通用的量度是斯特列尔比，定义为轴上实际点扩展函数值与轴上理想扩展函数值的比值。通常，这是一个有像差系统与一个基本相同但无像差系统的对比。原点 PSF 的轴上值通过式（5.29）进行计算：

$$|h(0,0)|^2 = \frac{1}{\lambda^2 z_i^2} \left| \int_{-\infty}^{\infty} \int_{-\infty}^{\infty} \mathcal{P}(x,y) e^0 \mathrm{d}x \mathrm{d}y \right|^2 \tag{5.43}$$

$$= \frac{1}{\lambda^2 z_i^2} \left| \int_{-\infty}^{\infty} \int_{-\infty}^{\infty} \mathcal{P}(x,y) \mathrm{d}x \mathrm{d}y \right|^2 \tag{5.44}$$

由于对一般光瞳函数 $\mathcal{P}(x,y)$ 中非零相位的唯一贡献是由像差引起的，因此 $P(x,y)$ 是无像差的点扩展函数。结果，斯特列尔比 $\mathcal{S}$ 为

$$S = \frac{\left| \int_{-\infty}^{\infty} \int_{-\infty}^{\infty} \mathcal{P}(x,y) \, \mathrm{d}x \mathrm{d}y \right|^2}{\left| \int_{-\infty}^{\infty} \int_{-\infty}^{\infty} P(x,y) \, \mathrm{d}x \mathrm{d}y \right|^2} \tag{5.45}$$

为了更加明确像差项 $\phi(x,y)$，可以将式(5.45)改写为如下形式：

$$S = \frac{\left| \int_{-\infty}^{\infty} \int_{-\infty}^{\infty} \mathcal{P}(x,y) \, \mathrm{e}^{\mathrm{i}\phi(x,y)} \, \mathrm{d}x \mathrm{d}y \right|^2}{\left| \int_{-\infty}^{\infty} \int_{-\infty}^{\infty} \mathcal{P}(x,y) \, \mathrm{d}x \mathrm{d}y \right|^2} \tag{5.46}$$

$$= \frac{\int_{-\infty}^{\infty} \mathcal{H}(f_x, f_y) \, \mathrm{d}f_x \mathrm{d}f_y}{\int_{-\infty}^{\infty} \mathcal{H}_{dl}(f_x, f_y) \, \mathrm{d}f_x \mathrm{d}f_y} \tag{5.47}$$

应用式(5.30)和式(5.38)获得后面的等式，$\mathcal{H}_{dl}(f_x, f_y)$ 是无像差(或衍射极限)系统的 OTF。

对于一个完全无像差的系统，$S=1$，这是斯特列尔比最大的可能值。光瞳(如环形孔径)的像差和振幅变化总是减少斯特列尔比[19]。所以，低斯特列尔比表明低图像质量，即低分辨率和低对比度。

对于小像差，图像的斯特列尔比由光瞳的相位变化决定。为了证明这一点，可以将式(5.46)改写成简化形式：

$$S = \left| \langle \mathrm{e}^{\mathrm{i}\phi} \rangle \right|^2 \tag{5.48}$$

式中，角括弧 $\langle \cdots \rangle$ 表示振幅加权光瞳的空间平均。例如，振幅加权平均相位给出为[19]

$$\langle \phi \rangle = \frac{\int_{-\infty}^{\infty} \int_{-\infty}^{\infty} P(x,y) \phi(x,y) \, \mathrm{d}x \mathrm{d}y}{\int_{-\infty}^{\infty} \int_{-\infty}^{\infty} P(x,y) \, \mathrm{d}x \mathrm{d}y} \tag{5.49}$$

将式(5.48)乘以 $\left| \mathrm{e}^{-\mathrm{i}\langle\phi\rangle} \right|^2 = 1$ 得

$$S = \left| \langle \mathrm{e}^{\mathrm{i}(\phi - \langle\phi\rangle)} \rangle \right|^2 \tag{5.50}$$

$$= \langle \cos(\phi - \langle\phi\rangle) \rangle^2 + \langle \sin(\phi - \langle\phi\rangle) \rangle^2 \tag{5.51}$$

将第一项代入二阶泰勒级数展开式，得

$$\mathcal{S} \approx \left\langle 1 - \frac{(\phi - \langle \phi \rangle)^2}{2} \right\rangle^2 + \langle \phi - \langle \phi \rangle \rangle^2 \tag{5.52}$$

$$\approx \left(1 - \frac{\sigma_\phi^2}{2} \right)^2 \tag{5.53}$$

进行乘积并只保留前两项,得

$$\mathcal{S} \approx 1 - \sigma_\phi^2 \tag{5.54}$$

式中:$\sigma_\phi^2 = 4\pi^2 \sigma^2$ 为相位的变化,单位为 rad^2。这一结果与以下写法相同

$$\mathcal{S} \approx \mathrm{e}^{-\sigma_\phi^2} \tag{5.55}$$

并且只保留泰勒级数展开式的前两项。式(5.53)~式(5.55)的全部表征普遍用于计算斯特列尔比的近似。式(5.53)是马雷查尔方程。式(5.55),作为式(5.54)的近似出现在这里,实际上是给出各种像差数值结果最佳拟合的经验公式[19]。

5.3 习题

1. 如下给出的塞耳迈耶尔方程是玻璃光波长和折射率之间的经验关系:

$$n^2(\lambda) = 1 + \sum_i \frac{B_i \lambda^2}{\lambda^2 - C_i} \tag{5.56}$$

每一种玻璃具有各自测量出来的塞耳迈耶尔系数列 B_i 和 C_i。

(1) 找出硼硅酸盐冕玻璃(普遍称为 BK7)的塞耳迈耶尔系数并计算标准折射率,保留 6 位有效数字。

$$n_\mathrm{F} = n(486.12\mathrm{nm}) \qquad 蓝氢线 \tag{5.57}$$

$$n_\mathrm{d} = n(587.56\mathrm{nm}) \qquad 黄氦线 \tag{5.58}$$

$$n_\mathrm{C} = n(656.27\mathrm{nm}) \qquad 红氢线 \tag{5.59}$$

(2) 给定一个 BK7 玻璃的平凹透镜。凹面是曲率半径为 51.68mm 的球面,透镜直径为 12.7mm。计算对应于(1)部分每一种标准波长的焦距和衍射极限光斑直径。

(3) 根据 5.2.1 节的相干成像实例,计算每一个衍射极限的 PSF。增加若干不同程度的离焦像差并计算得到的 PSF。对于所有波长,绘制出每一个 PSF 的 $\nu = 0$ 截面来说明焦点在几何焦面附近是如何演化的。使用这些 PSF 截面曲线来证明已经计算正确的焦点半径。使用每面 1024 格点,格点间隔为 0.199mm。

2. 对于一个带有 1 波泽尔尼克初级像散的透镜,增加若干不同程度的离焦像差并计算得到的 PSF。显示这些 PSF 的图像,说明焦点在几何焦面附近是如何演化的。使用格点尺寸为 4m,孔径直径为 2m,每侧 512 格点,光波长为 1μm,焦距

为 16m。

3. 对于一个带有 1 波泽尔尼克初级球差的透镜,增加若干不同程度的离焦像差并计算得到的 PSF。显示这些 PSF 的图像,说明焦点在几何焦面附近是如何演化的。使用格点尺寸为 4m,孔径直径为 2m,每侧 512 点,光波长为 1μm,焦距为 16m。

4. 假设

$$W(x,y) = 0.07Z_4 + 0.05Z_5 + 0.05Z_6 + 0.03Z_7 - 0.03Z_8 \qquad (5.60)$$

计算斯特列尔比。

(1) 使用式(5.26)和式(5.55);

(2) 并使用模拟计算带像差和衍射限制的 PSF(与 5.2.1 节实例类似)。使用格点尺寸为 8m,孔径直径为 2m,每侧 512 点,光波长为 1μm,焦距为 64m。

5. 数值计算内径和外径分别为 1m 和 2m 环形孔径的 PSF。同样计算直径 2m 圆形孔径的 PSF。使用格点尺寸为 8m,孔径直径为 2m,每侧 512 点,光波长为 1μm,焦距为 64m。提供两个 PSF 的显示图并计算环形孔径的斯特列尔比作为 PSF 峰值的比值。用解析计算证实数值结果。

6. 数值计算由 3 个直径 1m 圆形孔径构成的稀疏(或集合)孔径 PSF,每个孔径中心坐标分别为(0.6,0.6)m,(−0.6,0.6)m 和(0,0.6)m。使用格点尺寸为 8m,每侧 512 点,光波长为 1μm,焦距为 64m。提供孔径显示图和 PSF。用解析计算证实数值结果。

第6章 真空菲涅耳衍射

本章的目标是建立具有高逼真度和一定灵活性的近场光波传播的模拟方法，这比远场传播更加具有挑战性。本章使用与图 1.2 相同的坐标约定，首先讨论不同形式的菲涅耳衍射积分。这些不同形式的积分可以采用不同方法进行数值求值，每种方法都有优点和缺点。然后，为了强调符号的不同数学操作，引入了 6~8 章经常使用的算子。在本章剩余的部分，建立了真空波动传播和其他模拟细节的基本算法。

菲涅耳衍射积分内的二次相位不是有限带宽的，所以提出了一些与采样有关的挑战。存在两种不同的计算积分方法，即单独 FT 或卷积。本章建立了两种基本方法和具有一定灵活性的版本。存在许多人们所需的灵活性，例如，德伦和胡克展示了一种在积分光学元件中模拟传播特别有效的方法。由于这类元件的界面经常是倾斜的或偏心的并且角度也不总是傍轴近似的，因此他们开发了一种瑞利-萨默菲尔德传播方法，可以非常准确地处理任意方向平面之间的传播[28,29]。

相比之下，本书讨论的应用涉及平行的源和观察面，并且傍轴近似是非常好的应用。当涉及长传播距离，光束可能散布得比原始尺寸大得多。因此，本章讨论的一些算法为使用者提供了一些灵活性来选择观察平面网格间隔和源平面网格间隔之间的比例缩放。许多作者展示了带有这一功能的算法，包括 Tyler 和 Fried[30]，Roberts[31]，科尔斯[32]，Rubio[33]，Deng 等[34]，科伊[35]，Rydberg 和 Bengtsson[36]，还有 Voelz 和 Roggemann[37]。大多数这类方法在数学上是互相等效的。然而，科尔斯提出了一种独一无二的算法，随后 Rubio 对其进行了改进[33]，在这一算法中带有固定角网格间隔的角网格使用了发散球面坐标系统。这种作法是故意为之的，因为源本质上是球形发散的点源。Rubio 改进了这一基本概念以允许非常长的传播距离。当网格生长得太大而不能对场进行足够采样时，Rubio 的方法可以提取出中心部分并将其内插到一个更细化的网格中。

本章提出了两种灵活的传播方法：第一种方法分两个步骤估算菲涅耳衍射积分，网格间隔可以通过两个传播的距离进行调整；第二种方法使用了菲涅耳衍射积分卷积形式的一些代数运算，运算引入了一个直接设定观察面网格间隔的自由参数。

6.1 不同形式的菲涅耳衍射积分

本节从菲涅耳衍射积分开始,为了方便在这里重复一下该积分:

$$U(x_2,y_2) = \frac{e^{ikz}}{i\lambda\Delta z}\int_{-\infty}^{\infty}\int_{-\infty}^{\infty}U(x_1,y_1)e^{\frac{k}{2\Delta z}[(x_2-x_1)^2+(y_2-y_1)^2]}dx_1dy_1 \tag{6.1}$$

同时,定义空间和空间频率矢量为

$$\boldsymbol{r}_1 = x_1\hat{\boldsymbol{i}}+y_1\hat{\boldsymbol{j}} \tag{6.2}$$

$$\boldsymbol{r}_2 = x_2\hat{\boldsymbol{i}}+y_2\hat{\boldsymbol{j}} \tag{6.3}$$

$$\boldsymbol{f}_1 = f_{x1}\hat{\boldsymbol{i}}+f_{y1}\hat{\boldsymbol{j}} \tag{6.4}$$

式中:$\boldsymbol{r}_1$在源平面,$\boldsymbol{r}_2$在观察面,这一定义在本章将一直使用。

表6.1总结了与开发算法有关的物理量。

本章将用菲涅耳衍射积分从源平面场的已知信息来计算观察面光学场。6.3节和6.4节将处理该方程的数值求解。式(6.1)有两种形式可用于数值求解。第一种形式来自于积分的指数平方项展开和部分因式分解,这将得到:

$$U(x_2,y_2) = \frac{e^{ik\Delta z}}{i\lambda\Delta z}e^{\frac{k}{2\Delta z}(x_2^2+y_2^2)}\int_{-\infty}^{\infty}\int_{-\infty}^{\infty}U(x_1,y_1)e^{\frac{k}{2\Delta z}(x_1^2+y_1^2)}e^{-i\frac{2\pi}{\lambda\Delta z}(x_2x_1+y_2y_1)}dx_1dy_1 \tag{6.5}$$

该公式可以根据6.3节讨论的 FT 进行求值。式(6.1)的第二种形式是由于注意到该式是源平面场与自由平面振幅拓展函数的卷积,即

$$U(x_2,y_2) = U(x_1,y_1)\otimes\left[\frac{e^{ik\Delta z}}{i\lambda\Delta z}e^{i\frac{k}{2\Delta z}(x_1^2+y_1^2)}\right] \tag{6.6}$$

然后,对式(6.6)应用卷积定理通过两个 FT 进行求值。

表6.1 菲涅耳传播符号的定义

符　　号	意　　义
$\boldsymbol{r}_1=(x_1,y_1)$	源平面坐标
$\boldsymbol{r}_2=(x_2,y_2)$	观察平面坐标
δ_1	源平面网格间隔
δ_2	观察平面网格间隔
$\boldsymbol{f}_1=(f_{x1},f_{y1})$	源平面空间频率
δ_{f1}	源平面空间频率网格间隔
z_1	源平面沿光轴位置

符　号	意　义
z_2	观察平面沿光轴位置
Δz	源平面和观察平面之间的距离
m	从源平面到观察平面的缩放因子

6.2　算子符号

算子符号在菲涅耳衍射计算中是非常有用的,使用算子强调发生的运算,可以简洁地写出方程而不用详述积分符号。本书使用的符号根据 Nazarathy 和 Shamir 所描述的符号进行了改编[38],上述两人也将算子符号与光线矩阵合并,用来描述通过光学系统的衍射[39]。关键的区别是指定算子符号进行运算的域,这些算子定义如下:

$$\mathcal{Q}[c,\boldsymbol{r}]\{U(\boldsymbol{r})\} \equiv \mathrm{e}^{\mathrm{i}\frac{k}{2c}|\boldsymbol{r}|^2}U(\boldsymbol{r}) \tag{6.7}$$

$$\mathcal{V}[b,\boldsymbol{r}]\{U(\boldsymbol{r})\} \equiv bU(b\boldsymbol{r}) \tag{6.8}$$

$$\mathcal{F}[\boldsymbol{r},\boldsymbol{f}]\{U(\boldsymbol{r})\} \equiv \int_{-\infty}^{\infty} U(\boldsymbol{r})\mathrm{e}^{-\mathrm{i}2\pi\boldsymbol{f}\cdot\boldsymbol{r}}\mathrm{d}\boldsymbol{r} \tag{6.9}$$

$$\mathcal{F}^{-1}[\boldsymbol{f},\boldsymbol{r}]\{U(\boldsymbol{f})\} \equiv \int_{-\infty}^{\infty} U(\boldsymbol{f})\mathrm{e}^{\mathrm{i}2\pi\boldsymbol{f}\cdot\boldsymbol{r}}\mathrm{d}\boldsymbol{f} \tag{6.10}$$

$$\mathcal{R}[d,\boldsymbol{r}_1,\boldsymbol{r}_2]\{U(\boldsymbol{r}_1)\} \equiv \frac{1}{\mathrm{i}\lambda d}\int_{-\infty}^{\infty} U(\boldsymbol{r}_1)\mathrm{e}^{\mathrm{i}\frac{k}{2d}|\boldsymbol{r}_2-\boldsymbol{r}_1|^2}\mathrm{d}\boldsymbol{r}_1 \tag{6.11}$$

算子的参数在中括号中给出,操作数在大括号中给出。注意在式(6.9)和式(6.10)中,操作数的域作为第一参数列出,结果的域作为第二参数列出。在文献[38,39]中可以了解到这些算子的关系。最后,再定义二次相位指数算子:

$$\mathcal{Q}_2[d,\boldsymbol{r}]\{U(\boldsymbol{r})\} \equiv \mathrm{e}^{\mathrm{i}\pi\frac{2d}{k}|\boldsymbol{r}|^2}U(\boldsymbol{r}) \tag{6.12}$$

算子 $\mathcal{Q}_2[d,\boldsymbol{r}]$ 不是由 Nazarathy 和 Shamir 定义的。事实上,算子 $\mathcal{Q}_2$ 可以用算子 $\mathcal{Q}$ 写成如下形式:

$$\mathcal{Q}_2[d,\boldsymbol{r}] \equiv \mathcal{Q}\left[\frac{4\pi^2}{k}d,\boldsymbol{r}\right] \tag{6.13}$$

但是,这一定义刚好在6.4节带来使用上的便利。

6.3 菲涅耳积分运算

这一节描述了计算式(6.5)形式菲涅耳衍射积分的两个方法:第一种方法是用单个 FT 对菲涅耳衍射积分进行一次求值,这是最直接的方法。由于运算效能较高,这种方法是可取的。第二种方法是对菲涅耳积分进行两步求值,这将增加网格间隔的一些灵活性,但以进行第二次 FT 为代价。

6.3.1 一步传播

图 1.2 显示了从源平面传播到观察面的几何意义。给定源平面场 $U(x_1, y_1)$ 和传播几何结构,使用菲涅耳积分经过式(6.5)可直接计算观察平面场 $U(x_2, y_2)$。将式(6.5)写成如下算子符号的形式:

$$U(\boldsymbol{r}_2) = \mathcal{R}[\Delta z, \boldsymbol{r}_1, \boldsymbol{r}_2]\{U(\boldsymbol{r}_1)\} \tag{6.14}$$

$$= \mathcal{Q}\left[\frac{1}{\Delta z}, \boldsymbol{r}_2\right] \mathcal{V}\left[\frac{1}{\lambda \Delta z}, \boldsymbol{r}_2\right] \mathcal{F}[\boldsymbol{r}_1, \boldsymbol{f}_1] \mathcal{Q}\left[\frac{1}{\Delta z}, \boldsymbol{r}_1\right]\{U(\boldsymbol{r}_1)\} \tag{6.15}$$

运算的次序是从右向左进行的。一般而言,这些算子是不可交换的,只有特定的组合形式可以交换。可以明显地看出,观察平面场的计算过程为(从右向左读)源场乘以二次相位($\mathcal{Q}$)、傅里叶变换($\mathcal{F}$)、常数比例缩放[$\mathcal{V}$ 从空间频率变换到空间坐标$\boldsymbol{f}_1 = \boldsymbol{r}_2 / (\lambda \Delta z)$]、与另一个二次相位因子($\mathcal{Q}$)相乘。直观的解释是传播可以表征为以源和观察平面为中心的两个共焦球面之间的 FT,两个球之间的公共曲率半径为 Δz。

为了在电脑上对菲涅耳积分进行求值,必须再一次使用源平面光场 $U(\boldsymbol{r}_1)$ 的采样版本。设源平面的网格间隔为 δ_1,在频率域的网格间隔为 $\delta_{f_1} = 1/(N\delta_1)$,所以观察面的网格间隔为

$$\delta_2 = \frac{\lambda \Delta z}{N\delta_1} \tag{6.16}$$

程序 6.1 给出了对式(6.5)进行数值求解的 MATLAB 函数 one_step_prop,程序 6.2 给出了对于方形孔径使用 one_step_prop 的实例。图 6.1 所示为解析和数值结果,可以明显看出结果匹配得非常好。

由于式(6.16)给出了观察平面固定的网格间隔,不改变几何结构明显无法控制最终网格的间隔。如果存在一个应用,采用固定 δ_2 值无法对观察平面进行足够采样,则应该如何处理? 可以通过增加 N 值来获得对观察平面的更精细采样。但是,由于需要更长的模拟运算时间,通常更倾向于不增加 N 值。

80

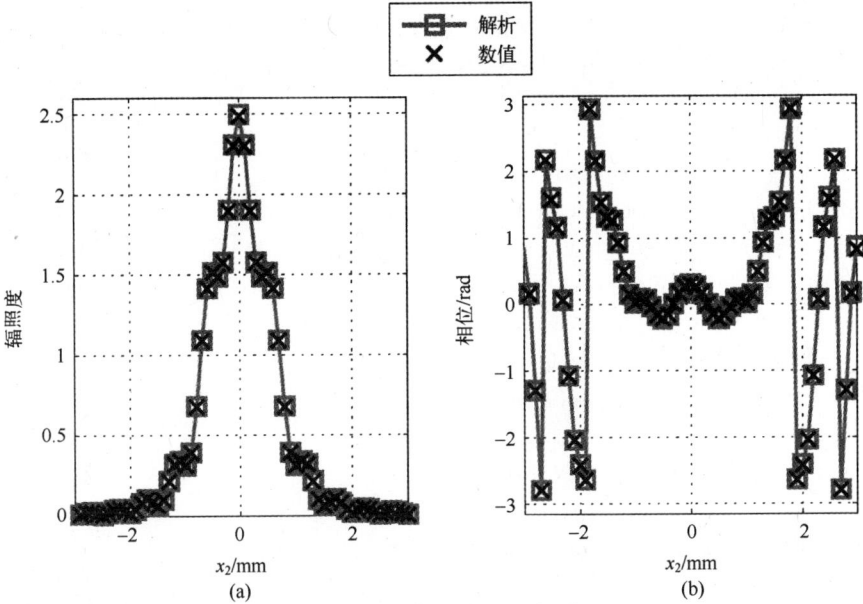

图 6.1　方形孔径的菲涅耳衍射,模拟与解析

(a)观察平面辐照度,(b)观察平面相位。

程序 6.1　在 MATLAB 软件中对菲涅耳衍射积分进行一步求解的代码

```
1    function [ x2 y2 Uout]…
2         =one_step_prop( Uin,wvl,d1,Dz)
3    % function [ x2 y2 Uout]…
4    % =one_step_prop( Uin,wvl,d1,Dz)
5
6         N=size ( Uin,1) ;   % assume square grid
7         k=2 * pi/ wvl;      %optical wavevector
8      % source-plane coordinates
9    [ x1 y1] =meshgrid( -N/2:1:N/2-1) * d1 ;
10     % observation-plane coordinates
11   [ x2 y2] =meshgrid( -N/2:N/2-1) * ( N * d1) * wvl * Dz) ;
12     % evaluate the Fresnel-Kirchohff integral
13         Uout=1/( i * wvl * Dz)…
14         . * exp( i * k/( 2 * Dz) * ( x2. ^2+y2. ^2) )…
15         . * ft2( Uin . * exp( i * k/( 2 * Dz)…
16             * ( x1. ^2+y1. ^2) ) ,d1) ;
```

程序 6.2　在 MATLAB 软件中对菲涅耳衍射积分进行一步求值的实例

```
1    % example_square_prop_one_step. m
2
3    N = 1024;        %number of grid points per side
4    L = 1e-2;         % total size of the grid [m]
5    delta1 = L/N;    %  grid spacing[m]
6    D = 2e-3         % diameter of the aperature [m]
7    wvl = 1e-6;      % optical wavelength[m]
8    k = 2 * pi/wvl;
9    Dz = 1;  % propagation distance[m]
10
11   [x1 y1] = meshgrid (((-N/2:N/2-1) * delta1);
12   ap = rect(x1/D). * rect(y1/D);
13   [x2 y2 Uout] = one_step_prop(ap,wvl,delta1,Dz);
14
15   % analytic result for y2 = 0 slice
16   Uout_an...
17   = fresnel_prop_square_ap(x2(N/2+1,:),0,D,wvl,Dz);
```

6.3.2　两步传播

为了选择观察平面网格间隔,必须引入一个新的比例缩放参数 $m = \delta_2/\delta_1$。如式(6.16)指出,对于一步传播(直接从 $U(x_1,y_1)$ 计算 $U(x_2,y_2)$),没有多少选择 m 的自由。给定问题的 λ 和 Δz 通常是固定的,所以必须调整 N 和 δ_1 来选择 m 的期望值。必须存在一个源网格和观察网格之间的平衡,更精细的源网格产生更粗糙的观察网格,反之亦然。可以调整 N 值来帮助解决这一问题,但是可以模拟的格点数存在实际极限,增加 N 值将增加模拟的执行时间,这通常是不可取的。

科伊[35]以及 Rydberg 和 Bengtsson[36]提出了一种在选择网格上具有更多灵活性的方法。在这一方法中,$U(x_1,y_1)$ 从位于 z_1 的源平面传播到位于 z_{1a} 的中间平面,然后传播到位于 z_2 的观察平面,这样可以选择 Z_{1a} 使得 m(相当于 δ_2)具有可取的值。随后的开发遵从科伊对网格间隔的分析和 Rydberg 和 Bengtsson 的算法描述。

以下详述的这种算法称为两步传播。为了保持符号清楚,仍使用以下定义:源平面位于 $z=z_1(r_1$ 为坐标),观察平面位于 $z=z_2(r_2$ 为坐标),公共曲率半径为 $\Delta z = z_2 - z_1$,比例缩放参数为 $m=\delta_2/\delta_1$。定义中间平面位于 $z=z_{1a}[r_{1a}=(x_{1a},y_{1a})$ 为坐标],这样第一次传播的距离是 $\Delta z_1 = z_{1a} - z_1$，第二次传播的距离是 $\Delta z_2 = z_2 - z_{1a}$。如下面将讨论的，存有两种可能的中间平面，经过两次传播得到一个给定的缩放比例参数。这两种不同的几何结构显示在图 6.2 和图 6.3 中。在一种情况下，中间平面远离源和观察平面。在另一种情况下，中间平面在源和观察平面之间。

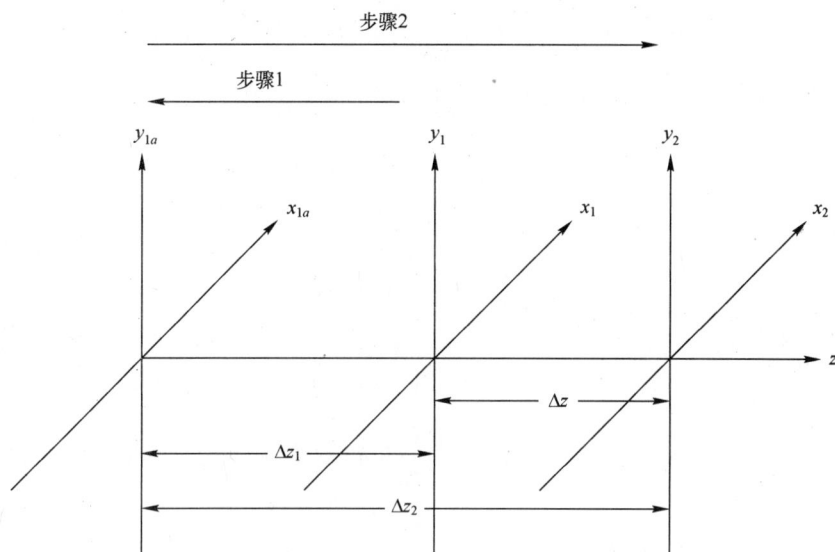

图 6.2　两步传播几何结构，中间平面不在源和观察平面之间

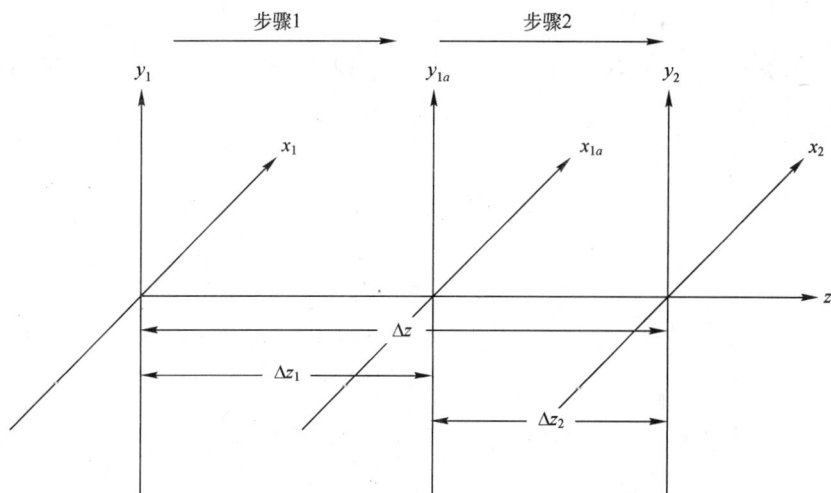

图 6.3　两步传播几何结构，中间平面在源和观察平面之间

算子符号形式的两步菲涅耳积分传播表达式为

$$U(\boldsymbol{r}_2) = \mathcal{R}[\Delta z_2, \boldsymbol{r}_{1a}, \boldsymbol{r}_2]\mathcal{R}[\Delta z_1, \boldsymbol{r}_1, \boldsymbol{r}_{1a}]\{U(\boldsymbol{r}_1, \boldsymbol{r}_{1a})\} \tag{6.17}$$

$$= \mathcal{Q}\left[\frac{1}{\Delta z_2}, \boldsymbol{r}\right]\mathcal{V}\left[\frac{1}{\lambda \Delta z_2}\right]\mathcal{F}[\boldsymbol{r}_2, \boldsymbol{f}_{1a}]\mathcal{Q}\left[\frac{1}{\Delta z_2}, \boldsymbol{r}_{1a}\right] \tag{6.18}$$

$$\times \mathcal{Q}\left[\frac{1}{\Delta z_1}, \boldsymbol{r}_{1a}\right]\mathcal{V}\left[\frac{1}{\lambda \Delta z_1}\right]\mathcal{F}[\boldsymbol{r}_1, \boldsymbol{f}_1]\mathcal{Q}\left[\frac{1}{\Delta z_1}, \boldsymbol{r}_1\right]\{U(\boldsymbol{r}_1)\}. \tag{6.19}$$

如果观察中间平面的间隔 δ_{1a} 和观察平面的间隔 δ_2，会发现

$$\delta_{1a} = \frac{\lambda |\Delta z_1|}{N\delta_1} \quad (\Delta z_1 = z_{1a} - z_1) \tag{6.19}$$

$$\delta_2 = \frac{\lambda |\Delta z_2|}{N\delta_{1a}} \tag{6.20}$$

$$= \frac{\lambda |\Delta z_2|}{N\left(\dfrac{\lambda |\Delta z_1|}{N\delta_1}\right)} \tag{6.21}$$

$$= \left|\frac{\Delta z_2}{\Delta z_1}\right|\delta_1 \tag{6.22}$$

$$= m\delta_1 \tag{6.23}$$

给定缩放比例参数的定义 $m = \delta_2/\delta_1$ 可以得到最后一步的结论。

因此，m 的选择（直接设定网格的尺寸）定义了中间平面的位置，即，由上式，得

$$m = \left|\frac{z_2 - z_{1a}}{z_{1a} - z_1}\right| = \left|\frac{\Delta z_2}{\Delta z_1}\right| \tag{6.24}$$

这将得到选择 z_{1a}（约束为 $\Delta z_1 + \Delta z_2 = \Delta z$）的解，由下式给出：

$$\Delta z_1 = z_{1a} - z_1 = \Delta z\left(\frac{1}{1 \pm m}\right) \tag{6.25}$$

$$z_{1a} = z_1 + \Delta z\left(\frac{1}{1 \pm m}\right) \tag{6.26}$$

$$\Delta z_2 = z_2 - z_{1a} = \Delta z\left(\frac{\pm m}{1 \pm m}\right) \tag{6.27}$$

$$z_{1a} = z_2 - \Delta z\left(\frac{\pm m}{1 \pm m}\right) \tag{6.28}$$

$$z_{1a} = z_2 + \Delta z\left(\frac{\mp m}{1 \pm m}\right) \tag{6.29}$$

该式具有非常简单的证明：

84

$$\left| \frac{\Delta z_2}{\Delta z_1} \right| = \left| \frac{\Delta z \left(\frac{\pm m}{1 \pm m} \right)}{\Delta z \left(\frac{1}{1 \pm m} \right)} \right| = \left| \pm m \right| = m \qquad (6.30)$$

表 6.2 给出了对应中间面位置的一些实例值 m。Δz_1^- 和 Δz_2^- 列对应图 6.2，Δz_1^+ 和 Δz_2^+ 对应于图 6.3。应该注意，对于单位缩放比例参数，中间平面不是位于源和观察平面中间就是位于无穷远处。

表 6.2　两步菲涅耳积分计算比例缩放参数值的实例

m	$\Delta z_1^+/\Delta z$	$\Delta z_2^+/\Delta z$	$\Delta z_1^-/\Delta z$	$\Delta z_2^-/\Delta z$
	$\dfrac{1}{(1+m)}$	$\dfrac{m}{(1+m)}$	$\dfrac{1}{(1-m)}$	$\dfrac{m}{(1-m)}$
2	1/3	2/3	−1	−2
1	1/2	1/2	±∞	∓∞
1/2	2/3	1/3	2	−1

程序 6.3 给出了数值求解式(6.18)的 MATLAB 函数 two_step_prop。程序 6.4 显示了采用两步传播算法重复之前 MATLAB 实例的代码。图 6.4 所示为数值和解析结果。注意模拟结果再一次与解析结果一致。

程序 6.3　在 MATLAB 软件中使用两步传播对菲涅耳衍射积分进行求值的代码

```
1    function [ x2 y2 Uout]…
2        =two_step_prop( Uin,wvl,d1,Dz)
3    % function [ x2 y2 Uout]…
4    %    =two_step_prop( Uin,wvl,d1,Dz)
5
6        N=size (Uin,1);   % assume square grid
7        k=2 * pi/ wvl;      %optical wavevector
8    % source-plane coordinates
9    [ x1 y1]=meshgrid(( -N/2:1:N/2-1) * d1);
10   % magnification
11   m=d2/d1;
12   % intermediate plane
13   Dz1=Dz /(1-m);% propagation distance
14   d1a=wvl * abs( Dz1)/( N * d1);   %coordinates
15   [ x1a y1a]=meshgrid(( -N/2:N/2-1) * d1a);
```

```
16      % evaluate   the Fresnel-Kirchoff integral
17      Uitm = 1/( i * wvl * Dz1)...
18          . * exp( i * k/(2 * Dz1) * (x1a.^2+y1a.^2))...
19          . * ft2(Uin . * exp(i * k/(2 * Dz1)...
20              * (x1.^2+y1.^2)),d1);
21      % observation plane
22      Dz2 = Dz-Dz1;% propagation distance
23      % coordinates
24      [x2 y2] = meshgrid(-N/2:N/2-1) * d2);
25      % evaluate the Fresnel diffraction   integral
26      Uout = 1/(i * wvl * Dz2)...
27          . * exp( i * k/(2 * Dz2) * (x2.^2+y2.^2))...
28          . * ft2(Uin . * exp(i * k/(2 * Dz2)...
29              * (x1a.^2+y1a.^2)),dla);
```

程序 6.4 在 MATLAB 软件中使用两步传播对菲涅耳衍射积分进行求值的实例

```
1       % example_square_prop_two_step. m
2
3       N = 1024;          %number of grid points per side
4       L = 1e-2;           % total size of the grid [m]
5       delta1 = L/N;   %   grid spacing[m]
6       D = 2e-3           % diameter of the aperature [m]
7       wvl = 1e-6;      % optical wavelength[m]
8       k = 2 * pi/wvl;
9       Dz = 1;   % propagation distance[m]
10
11      [x1 y1] = meshgrid((-N/2:N/2-1) * delta1);
12      ap = rect(x1/D). * rect(y1/D);
13      delta2 = wvl * Dz/ (N * delta1)
14      [x2 y2 Uout] = two_step_prop(ap,wvl,delta1,delta2,Dz);
15
16      % analytic result for y2 = 0 slice
17      Uout_an...
18      = fresnel_prop_square_ap(x2(N/2+1,:) ,0,D,wvl,Dz);
```

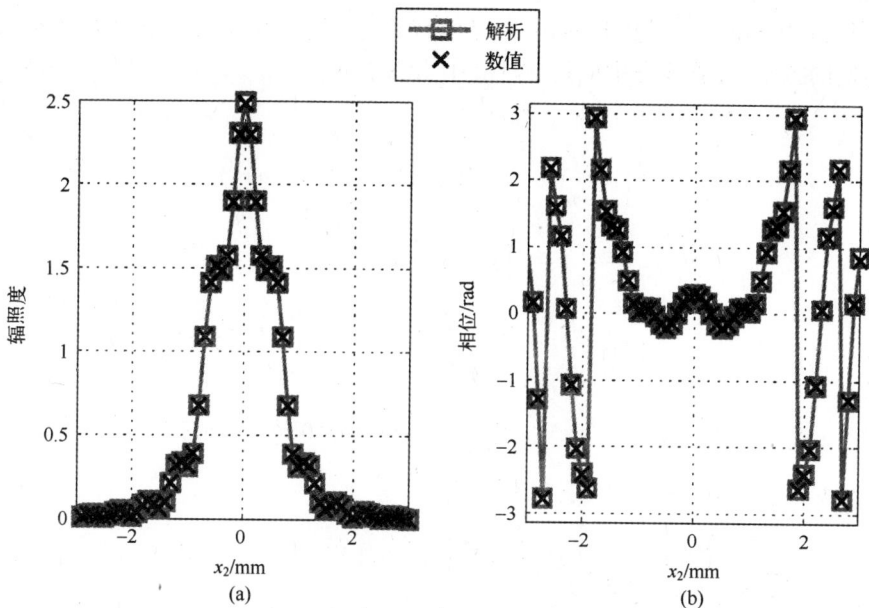

图 6.4　方孔的菲涅耳衍射,两步模拟与解析

(a)观察平面辐照度,(b)观察平面相位。

6.4　角频谱传播

这一节对式(6.6)给出的卷积形式菲涅耳衍射积分进行求值。可以利用算子符号形式的卷积定理对式(6.6)进行改写,有

$$U(\boldsymbol{r}_2) = \mathcal{F}^{-1}[\boldsymbol{r}_2, \boldsymbol{f}_1] \mathcal{H}(\boldsymbol{f}_1) \mathcal{F}[\boldsymbol{f}_1, \boldsymbol{r}_1] \{U(\boldsymbol{r}_1)\} \tag{6.31}$$

式中:$H(\boldsymbol{f})$ 为自由空间传播的传递函数,有

$$H(\boldsymbol{f}_1) = \mathrm{e}^{\mathrm{i}k\Delta z} \mathrm{e}^{-\mathrm{i}\pi\lambda\Delta z(f_{x1}^2 + f_{y1}^2)} \tag{6.32}$$

式(6.31)称为菲涅耳衍射积分的角频谱形式,许多作者已经详细讨论过式(6.31)并将其应用于菲涅耳积分的数值求解[28,31,32,37,40-44]。3.1 节已经涵盖了分立卷积,本节也可以使用分立卷积,但是不能像 3.1 节一样简单地使用 myconv2 函数。如果这样做,将无法控制观察平面的网格间隔 δ_2,只能继续保持 $\delta_1 = \delta_2$,对应 $m = 1$。

为引入比例缩放参数 m,必须回到式(6.1)并利用 $\boldsymbol{r}_1$ 和 $\boldsymbol{r}_2$ 将其改写为

$$U(\boldsymbol{r}_2) = \frac{1}{\mathrm{i}\lambda\Delta z} \int_{-\infty}^{\infty} U(\boldsymbol{r}_1) \mathrm{e}^{\mathrm{i}\frac{k}{2\Delta z}|\boldsymbol{r}_2 - \boldsymbol{r}_1|^2} \mathrm{d}\boldsymbol{r}_1 \tag{6.33}$$

87

Tyler 和 Fried[30] 以及 Roberts[31] 是仅有的讨论这一缩放比例因子的作者。根据他们的方法,计算积分中的指数项并引入参数 m:

$$|\boldsymbol{r}_2 - \boldsymbol{r}_1|^2 = r_2^2 - 2\boldsymbol{r}_2 \cdot \boldsymbol{r}_1 + r_1^2 \tag{6.34}$$

$$= \left(r_2^2 + \frac{r_2^2}{m} - \frac{r_2^2}{m}\right) - 2\boldsymbol{r}_2 \cdot \boldsymbol{r}_1 + (r_1^2 + mr_1^2 - mr_1^2) \tag{6.35}$$

$$= \frac{r_2^2}{m} + \left(1 - \frac{1}{m}\right)r_2^2 - 2\boldsymbol{r}_2 \cdot \boldsymbol{r}_1 + [mr_1^2 + (1-m)r_1^2] \tag{6.36}$$

$$= m\left[\left(\frac{\boldsymbol{r}_2}{m}\right)^2 - 2\left(\frac{\boldsymbol{r}_2}{m}\right) \cdot \boldsymbol{r}_1 + r_1^2\right] + \left(1 - \frac{1}{m}\right)r_2^2 + (1-m)r_1^2 \tag{6.37}$$

$$= m\left|\frac{\boldsymbol{r}_2}{m} - \boldsymbol{r}_1\right|^2 - \left(\frac{1-m}{m}\right)r_2^2 + (1-m)r_1^2 \tag{6.38}$$

然后,将式(6.38)代入式(6.33),得

$$U(\boldsymbol{r}_2) = \frac{1}{i\lambda\,\Delta z}\int_{-\infty}^{\infty} U(\boldsymbol{r}_1)\,e^{\frac{k}{i2\Delta z}\left[m\left|\frac{\boldsymbol{r}_2}{m}-\boldsymbol{r}_1\right|^2 - \left(\frac{1-m}{m}\right)r_2^2 + (1-m)r_1^2\right]}\,d\boldsymbol{r}_1 \tag{6.39}$$

$$= \frac{e^{-i\frac{k}{2\Delta z}\left(\frac{1-m}{m}\right)r_2^2}}{i\lambda\,\Delta z}\int_{-\infty}^{\infty} U(\boldsymbol{r}_1)\,e^{i\frac{k}{2\Delta z}(1-m)r_1^2}\,e^{i\frac{km}{2\Delta z}\left|\frac{\boldsymbol{r}_2}{m}-\boldsymbol{r}_1\right|^2}\,d\boldsymbol{r}_1 \tag{6.40}$$

通过如下定义,重新获得卷积积分的表达式:

$$U''(\boldsymbol{r}_1) \equiv \frac{1}{m}U(\boldsymbol{r}_1)\,e^{i\frac{k}{2\Delta z}(1-m)r_1^2} \tag{6.41}$$

并将式(6.41)代入式(6.40),得

$$U(\boldsymbol{r}_2) = \frac{e^{-i\frac{k}{2\Delta z}\left(\frac{1-m}{m}\right)r_2^2}}{i\lambda\,\Delta z}\int_{-\infty}^{\infty} mU''(\boldsymbol{r}_1)\,e^{i\frac{km}{2\Delta z}\left|\frac{\boldsymbol{r}_2}{m}-\boldsymbol{r}_1\right|^2}\,d\boldsymbol{r}_1 \tag{6.42}$$

然后,定义缩放的坐标和距离

$$\boldsymbol{r}'_2 = \frac{\boldsymbol{r}_2}{m} \tag{6.43}$$

$$\Delta z' = \frac{\Delta z}{m} \tag{6.44}$$

得

$$U(m\boldsymbol{r}'_2) = \frac{e^{-i\frac{k}{2\Delta z'}(1-m)(r'_2)^2}}{i\lambda\,\Delta z'}\int_{-\infty}^{\infty} U''(\boldsymbol{r}_1)\,e^{i\frac{k}{2\Delta z'}|\boldsymbol{r}'_2-\boldsymbol{r}_1|^2}\,d\boldsymbol{r}_1 \tag{6.45}$$

最后,得到卷积形式的积分为

$$U(m\boldsymbol{r}'_2) = \frac{e^{-i\frac{k}{2\Delta z'}(1-m)(r'_2)^2}}{i\lambda\,\Delta z'}\int_{-\infty}^{\infty} U''(\boldsymbol{r}_1)\,h(\boldsymbol{r}'_2 - \boldsymbol{r}_1)\,d\boldsymbol{r}_1 \tag{6.46}$$

式中

$$h(\boldsymbol{r}_1) = \frac{1}{\mathrm{i}\lambda\Delta z'}\mathrm{e}^{\mathrm{i}\frac{k}{2\Delta z'}r_1^2} \tag{6.47}$$

传播再一次可以按着带有已知脉冲响应(振幅扩展函数)的线性系统进行处理。脉冲响应的 FT 是如下形式的振幅扩展函数:

$$\mathcal{F}[\boldsymbol{r}_1,\boldsymbol{f}_1]h(\boldsymbol{r}_1) = H(\boldsymbol{f}_1) \tag{6.48}$$

$$= \mathrm{e}^{-\mathrm{i}\pi\lambda\Delta z'f_1^2} \tag{6.49}$$

到目前为止,已经可以使用 myconv2 对式(6.46)进行数值求解。然而,使用卷积定理和代回初始坐标使得该算法所有的细节都保持清晰,因此允许在后续章节进行一些简化。应用卷积定理,得

$$U'(m\boldsymbol{r}_2') = \mathcal{F}^{-1}[\boldsymbol{f}_1,\boldsymbol{r}_2']\mathrm{e}^{-\mathrm{i}\pi\lambda\Delta z'f_1^2}\mathcal{F}[\boldsymbol{r}_1,\boldsymbol{f}_1]\{U''(\boldsymbol{r}_1)\}$$

$$U'(\boldsymbol{r}_2) = \mathcal{F}^{-1}\left[\boldsymbol{f}_1,\frac{\boldsymbol{r}_2'}{m}\right]\mathrm{e}^{-\mathrm{i}\pi\lambda\frac{\Delta z}{m}f_1^2}\mathcal{F}[\boldsymbol{r}_1,\boldsymbol{f}_1]\{U''(\boldsymbol{r}_1)\}$$

$$U(\boldsymbol{r}_2) = \mathrm{e}^{-\mathrm{i}\frac{k}{2\Delta z}m(1-m)\left(\frac{r_2}{m}\right)^2}\mathcal{F}^{-1}\left[\boldsymbol{f}_1,\frac{\boldsymbol{r}_2}{m}\right]\mathrm{e}^{-\mathrm{i}\frac{\pi\lambda\Delta z}{m}f_1^2}$$

$$\times\mathcal{F}[\boldsymbol{r}_1,\boldsymbol{f}_1]\left\{\frac{1}{m}U(\boldsymbol{r}_1)\mathrm{e}^{\mathrm{i}\frac{k}{2\Delta z}(1-m)r_1^2}\right\}$$

$$= \mathrm{e}^{-\mathrm{i}\frac{k}{2\Delta z}\frac{1-m}{m}r_2^2}\mathcal{F}^{-1}\left[\boldsymbol{f}_1,\frac{\boldsymbol{r}_2}{m}\right]\mathrm{e}^{-\mathrm{i}\frac{\pi\lambda\Delta z}{m}f_1^2}$$

$$\times\mathcal{F}[\boldsymbol{r}_1,\boldsymbol{f}_1]\left\{\frac{1}{m}U(\boldsymbol{r}_1)\mathrm{e}^{\mathrm{i}\frac{k}{2\Delta z}(1-m)r_1^2}\right\}$$

$$= \mathcal{Q}\left[\frac{m-1}{m\Delta z},\boldsymbol{r}_2\right]\mathcal{F}^{-1}\left[\boldsymbol{f}_1,\frac{\boldsymbol{r}_2}{m}\right]\mathcal{Q}\left[-\frac{\Delta z}{m},\boldsymbol{f}_1\right]$$

$$\times\mathcal{F}[\boldsymbol{r}_1,\boldsymbol{f}_1]\mathcal{Q}\left[\frac{1-m}{\Delta z},\boldsymbol{r}_1\right]\frac{1}{m}\{U(\boldsymbol{r}_1)\} \tag{6.50}$$

既然现在有了算子形式的角频谱传播表达式,就可以观察源平面网格间隔 δ_1,空间频率平面网格间隔 δ_{f1},观察平面网格间隔 δ_2:

$$\delta_{f1} = \frac{1}{N\delta_1}(来自\ \mathcal{F}[\boldsymbol{r}_1,\boldsymbol{f}_1]) \tag{6.51}$$

$$\delta_2 = \frac{m}{N\delta_{f1}}(来自\ \mathcal{F}^{-1}[\boldsymbol{f}_1,\boldsymbol{r}_2/m]) \tag{6.52}$$

$$= \frac{m}{N\left(\frac{1}{N\delta_1}\right)} \tag{6.53}$$

$$= m\delta_1 \tag{6.54}$$

最后一个等式是一致性检验。同时,也可以确定另外两个关系:

$$\frac{1}{1-m} = \frac{1}{1-\dfrac{\delta_2}{\delta_1}} = \frac{\delta_1}{\delta_1 - \delta_2} \tag{6.55}$$

$$\frac{m}{1-m} = \frac{\dfrac{\delta_2}{\delta_1}}{1-\dfrac{\delta_2}{\delta_1}} = \frac{\delta_2}{\delta_1 - \delta_2} \tag{6.56}$$

后面 8.2 节将使用这些关系。

可以发现角频谱公式化的另一个解决方案。从式(6.34)开始,对 $|\boldsymbol{r}_2 - \boldsymbol{r}_1|^2$ 进行略微不同的操作:

$$|\boldsymbol{r}_2 - \boldsymbol{r}_1|^2 = r_2^2 - 2\boldsymbol{r}_2 \cdot \boldsymbol{r}_1 + r_1^2 \tag{6.57}$$

$$= \left(r_2^2 + \frac{r_2^2}{m} - \frac{r_2^2}{m} \right) - 2\boldsymbol{r}_2 \cdot \boldsymbol{r}_1 + (r_1^2 + m r_1^2 - m r_1^2) \tag{6.58}$$

$$= -\frac{r_2^2}{m} + \left(1 + \frac{1}{m} \right) r_2^2 - 2\boldsymbol{r}_2 \cdot \boldsymbol{r}_1 - m r_1^2 + (1 + m) r_1^2 \tag{6.59}$$

$$= -\frac{r_2^2}{m} - 2\boldsymbol{r}_2 \cdot \boldsymbol{r}_1 - m r_1^2 + \left(1 + \frac{1}{m} \right) r_2^2 + (1 + m) r_1^2 \tag{6.60}$$

$$= -m \left(\left| \frac{\boldsymbol{r}_2}{m} \right|^2 + 2 \left(\frac{\boldsymbol{r}_2}{m} \right) \cdot \boldsymbol{r}_1 + r_1^2 \right) + \left(1 + \frac{1}{m} \right) r_2^2 + (1 + m) r_1^2 \tag{6.61}$$

$$= -m \left| \frac{\boldsymbol{r}_2}{m} + r_1 \right|^2 + \left(\frac{1+m}{m} \right) r_2^2 + (1 + m) r_1^2 \tag{6.62}$$

将 $m' = -m$ 代入上式,得

$$= m' \left| \frac{\boldsymbol{r}_2}{-m'} + r_1 \right|^2 + \left(\frac{1-m'}{-m'} \right) r_2^2 + (1 - m') r_1^2 \tag{6.63}$$

$$= m' \left| \frac{\boldsymbol{r}_2}{m'} - r_1 \right|^2 - \left(\frac{1-m'}{m'} \right) r_2^2 + (1 - m') r_1^2 \tag{6.64}$$

可以明显看出使用 m' 代替 m,该式与式(6.38)相同。

既然认识到 $\pm m$ 都可以用于衍射的角频谱形式,那么就存在两个可能的方程:

$$U(\boldsymbol{r}_2) = \mathcal{Q} \left[\frac{m-1}{m\Delta z}, \boldsymbol{r}_2 \right] \mathcal{F}^{-1} \left[\boldsymbol{f}_1, \frac{\boldsymbol{r}_2}{m} \right] \mathcal{Q}_2 \left[-\frac{\Delta z}{m}, \boldsymbol{f}_1 \right]$$

$$\times \mathcal{F} [\boldsymbol{r}_1, \boldsymbol{f}_1] \mathcal{Q} \left[\frac{1-m}{\Delta z}, \boldsymbol{r}_1 \right] \frac{1}{m} \{ U(\boldsymbol{r}_1) \} \tag{6.65}$$

90

$$= \mathcal{Q}\left[-\frac{m-1}{m\Delta z}, \boldsymbol{r}_2\right] \mathcal{F}^{-1}\left[\boldsymbol{f}_1, \frac{\boldsymbol{r}_2}{m}\right] \mathcal{Q}_2\left[\frac{\Delta z}{m}, \boldsymbol{f}_1\right]$$

$$\times \mathcal{F}[\boldsymbol{r}_1, \boldsymbol{f}_1] \mathcal{Q}\left[-\frac{1-m}{\Delta z}, \boldsymbol{r}_1\right]\left(\frac{-1}{m}\right)\{U(\boldsymbol{r}_1)\} \tag{6.66}$$

该式可以写成更简洁的形式,即

$$U(\boldsymbol{r}) = \mathcal{Q}\left[\frac{m\pm1}{m\Delta z}, \boldsymbol{r}_2\right] \mathcal{F}^{-1}\left[\boldsymbol{f}_1, \mp\frac{\boldsymbol{r}_2}{m}\right] \mathcal{Q}_2\left[\pm\frac{\Delta z}{m}, \boldsymbol{f}_1\right]$$

$$\times \mathcal{F}[\boldsymbol{r}_1, \boldsymbol{f}_1] \mathcal{Q}\left[\frac{1\pm m}{\Delta z}, \boldsymbol{r}_1\right]\left(\mp\frac{1}{m}\right)\{U(\boldsymbol{r}_1)\} \tag{6.67}$$

式中:上面的符号对应式(6.66),下面的符号对应式(6.65)。

程序 6.5 给出了数值求解式(6.65)的 MATLAB 函数 ang_spec_prop。图 6.5 所示为使用角频谱传播重现之前 MATLAB 实例的结果。这里没有显示产生图 6.5 的代码,因为除了第 14 行使用了程序 6.5 给出的函数 ang_spec_prop 外,代码与程序 6.4 相同。注意数值结果再一次与解析结果相同。

程序 6.5 在 MATLAB 软件中使用角频谱方法求解菲涅耳衍射积分的实例

```
1    function [ x2 y2 Uout]…
2          = ang_spec_prop( Uin,wvl,d1,d2,Dz)
3    % function [ x2 y2 Uout]…
4          = ang_spec_prop( Uin,wvl,d1,d2,Dz)
5
6    N = size ( Uin,1) ;   % assume square grid
7    k = 2 * pi/ wvl;      % optical wavevector
8    % source-plane coordinates
9    [ x1 y1] = meshgrid( -N/2:1:N/2-1) * d1) ;
10   rlsq = x1. ^2+y1. ^2;
11   % spatial frequencies ( of source plane)
12   df1 = 1/( N * d1)
13   [ fX fY] = meshgrid( -N/2:1:N/2-1) * df1) ;
14   fsq = fX. ^2+fY. ^2;
15   % scaling parameter
16   m = d2/d1
17   % observation-plane coordinates
18   [ x2 y2] = meshgrid( -N/2:1:N/2-1) * d2) ;
19   r2sq = x2. ^2+y2. ^2;
20   % quadratic phase factors
```

```
21    Q1 = exp( i ∗ k/2 ∗ ( 1-m )/Dz ∗ rlsq ) ;
22    Q2 = exp( -i ∗ pi^2+2 ∗ Dz/m/k ∗ fsq ) ;
23    Q3 = exp( i ∗ k/2 ∗ ( m-1 )/( m ∗ Dz ) ∗ r2sq ) ;
24    % compute the propagated field
25    Uout = Q3. ∗ ift2( Q2 . ∗ ft2( Q1 . ∗ Uin/ m,d1 ),df1 ) ;
```

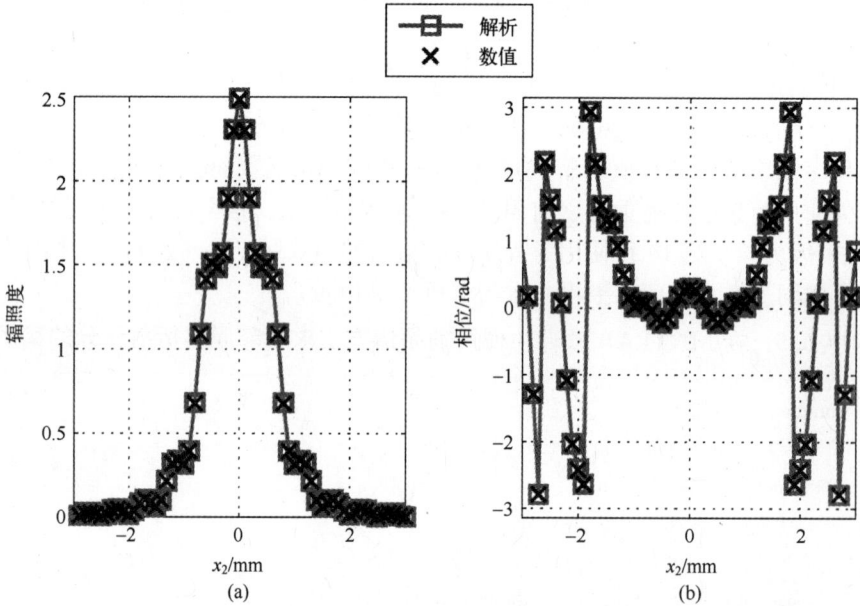

图 6.5　方孔的菲涅耳衍射,角频谱模拟与解析
(a) 观察面辐照度;(b) 观察面相位。

6.5　简单光学系统

　　本书大多数波动光学传播模拟不是通过真空就是通过像大气湍流这样的弱折射介质。另外,显示出这一点的整个数学形式是可以扩展到简单的折射和反射光学系统。这种简单系统可以通过应用傍轴光线矩阵的几何光学来描述[45]。

　　光线矩阵描述了折射元件如何改变傍轴近似光线的位置和方向。在这一框架内,光线由射线高度 y_1(在某一 z 位置到光轴的距离),射线斜率 y_1',以及容纳光线的材料折射率 n_1 表征。光线通常限制在临界(y—z)平面内。随着光线通过简单光学系统,系统对光线的影响通过两个线性耦合方程系统来表征:

$$y_2 = Ay_1 + Bn_1y_1' \tag{6.68}$$

$$n_2y_2' = Cy_1 + Dn_1y_1' \tag{6.69}$$

式中:y_2,y_2',n_2分别为经过系统之后的光线高度、斜率和折射率。这样可以用A、B、C和D的值表征简单光学系统。系统可以写成矩阵矢量符号的形式,即

$$\begin{pmatrix} y_2 \\ n_2y_2' \end{pmatrix} = \begin{pmatrix} A & B \\ C & D \end{pmatrix} \begin{pmatrix} y_1 \\ n_1y_1' \end{pmatrix} \tag{6.70}$$

注意光线矩阵可以一直这样写,所以$AD-BC=1$。

存在两种基本的光线矩阵:用于光线传递和用于折射。光线传递只与直线传递有关,折射意味着光线遇到了两种不同折射率材料界面形成的表面。

对于光线传递,光线斜率保持不变,光线高度根据光线斜率和传播距离有所增加,即[45]

$$\begin{pmatrix} y_2 \\ n_2y_2' \end{pmatrix} = \begin{pmatrix} 1 & \Delta z/n_1 \\ 0 & 1 \end{pmatrix} \begin{pmatrix} y_1 \\ n_1y_1' \end{pmatrix} \tag{6.71}$$

对于折射,光线高度保持不变,但是光线斜率根据斯涅耳法则的傍轴近似发生变化,即

$$\begin{pmatrix} y_2 \\ n_2y_2' \end{pmatrix} = \begin{pmatrix} 1 & 0 \\ \dfrac{n_2-n_1}{R} & 1 \end{pmatrix} \begin{pmatrix} y_1 \\ n_1y_1' \end{pmatrix} \tag{6.72}$$

式中:R为表面的曲率半径[45]。

不考虑渐晕,光学系统可以从右向左连续应用光线传递和折射矩阵进行建模。例如,从折射率为n的单透镜前表面空气到达透镜后表面空气,光线将经历前表面的折射、透镜内的传播和后表面的折射,这些过程可由系统矩阵表征为

$$S = \begin{pmatrix} 1 & 0 \\ \dfrac{1-n}{R_2} & 1 \end{pmatrix} \begin{pmatrix} 1 & \Delta z/n \\ 0 & 1 \end{pmatrix} \begin{pmatrix} 1 & 0 \\ \dfrac{n-1}{R_1} & 1 \end{pmatrix} \tag{6.73}$$

在这一方程中,R_1和R_2是两个透镜面的曲率半径。如果透镜足够薄,即$\Delta z \approx 0$,则透镜矩阵简化为

$$S = \begin{pmatrix} 1 & 0 \\ (1-n)\left(\dfrac{1}{R_1} - \dfrac{1}{R_2}\right) & 1 \end{pmatrix} \tag{6.74}$$

由此,磨镜者公式根据下式给出了与半径和折射率有关的透镜焦距f_l,

$$\frac{1}{f_l} = (n-1)\left(\frac{1}{R_1} - \frac{1}{R_2}\right) \tag{6.75}$$

使用上式时,透镜矩阵变为

$$S = \begin{pmatrix} 1 & 0 \\ -1/f_l & 1 \end{pmatrix} \tag{6.76}$$

衍射计算通过如下给出的广义惠更斯-菲涅耳积分来说明简单光学系统[15,34,46-48],有

$$U(x_2, y_2) = \frac{e^{ikz}}{i\lambda B} \int_{-\infty}^{\infty} \int_{-\infty}^{\infty} U(x_1, y_1) e^{\frac{k}{2B}(Dr_2^2 - 2r_1 \cdot r_2 + Ar_1^2)} dx_1 dy_1 \tag{6.77}$$

应该注意的是,该式只对圆对称的光学系统有效,如球面圆透镜。式(6.77)可以很容易推广到像方形孔径、圆柱透镜和环形透镜这样的非对称系统[47]。广义惠更斯-菲涅耳积分与分数傅里叶变换有很大关系[49],若干作者已经对该积分进行了数值运算[34,50-52]。

这里有两个非常有趣的特例需要注意。对于纯光线传播,$A=D=1$、$C=0$、$B=\Delta z$,这样式(6.77)退化成了式(6.1)中的自由空间菲涅耳衍射积分。当光从球面透镜的前表面传播到后焦面,$A=0$、$B=f_l$、$C=-f_l^{-1}$、$D=1$,这样式(6.77)退化成缩放的 FT,与式(4.8)非常相似。

广义惠更斯-菲涅耳积分比菲涅耳衍射积分更加复杂,并且该积分初看起来不像卷积积分。然而,朗伯和弗雷泽证明简单代换可以将广义惠更斯-菲涅耳积分变换成卷积,所以可以应用本章之前小节讨论的计算方法[47]。根据朗伯和弗雷泽的方法,代入以下关系:

$$\alpha = \frac{A}{\lambda B}, \beta = \frac{AC}{\lambda} \tag{6.78}$$

并重新使用 $AD-BC=1$,得[47]

$$U(Ar_2) = \frac{1}{i\lambda B} e^{i\pi\beta r_2^2} \int_{-\infty}^{\infty} U(r_1) e^{i\pi\alpha |r_2-r_1|^2} dr_1 \tag{6.79}$$

式(6.74)显然是一个卷积,所以可以将其明确改写为

$$U(Ar_2) = \frac{1}{i\lambda B} e^{i\pi\beta r_2^2} [U(r_1) \otimes e^{i\pi\alpha r_1^2}] \tag{6.80}$$

而且,可以看到光学系统的传递函数为

$$H(f) = \frac{i}{\alpha} e^{-i\frac{\pi}{\alpha}(f_x^2 + f_y^2)} \tag{6.81}$$

之前提到,这一算法不能说明由于光学系统有限孔径引起的光线渐晕。解决这一问题最直接的方法是设定每个孔径的渐晕量为 0,模拟从孔径到孔径的传播。然而,科伊提供给读者一种更详细和有效的说明渐晕现象的方法[35]。

程序 6.6 给出了求解式(6.79)的 MATLAB 函数 ang_spec_propABCD。图 6.6 所示为使用角频谱传播重现之前 MATLAB 实例并使用 *ABCD* 光线矩阵表征自由空间的结果。产生图 6.6 的代码在程序 6.7 中给出。应该注意的是,数值结果再一次与解析结果相同。

程序 6.6　在 MATLAB 软件中使用带有 *ABCD* 光线矩阵的角频谱方法求解菲涅耳衍射积分的代码

```
1   function [ x2 y2 Uout]...
2         = ang_spec_propABCD ( Uin,wvl,d1,d2,ABCD)
3   % function [ x2 y2 Uout]...
4   %     = ang_spec_propABCD ( Uin,wvl,d1,d2,ABCD)
5
6   N = size ( Uin,1);   % assume square grid
7   k = 2 * pi/ wvl;     % optical wavevector
8   % source-plane coordinates
9   [ x1 y1] = meshgrid( -N/2:1:N/2-1) * d1);
10  rlsq = x1. ^2+y1. ^2;
11  % spatial frequencies ( of source plane)
12  df1 = 1/( N * d1)
13  [ fX fY] = meshgrid( -N/2:1:N/2-1) * df1);
14  fsq = fX. ^2+fY. ^2;
15  % scaling parameter
16  m = d2/d1
17  % observation-plane coordinates
18  [ x2 y2] = meshgrid( -N/2:1:N/2-1) * d2);
19  r2sq = x2. ^2+y2. ^2;
20  % optical system matrix
21  A = ABCD(1,1);   B = ABCD(1,2);   C = ABCD(2,1);
22  % quadratic phase factors
23  Q1 = exp( i * pi/( wvl * B) * (A-m) * rlsq);
24  Q2 = exp( -i * pi * wvl * B/m * fsq);
25  Q3 = exp( i * pi/( wvl * B) * A * (B * C-A * (A-m)/m) * r2sq);
26  %compute the propagated field
27  Uout = Q3. * ift2( Q2 . * ft2( Q1 . * Uin/ m,d1),df1);
```

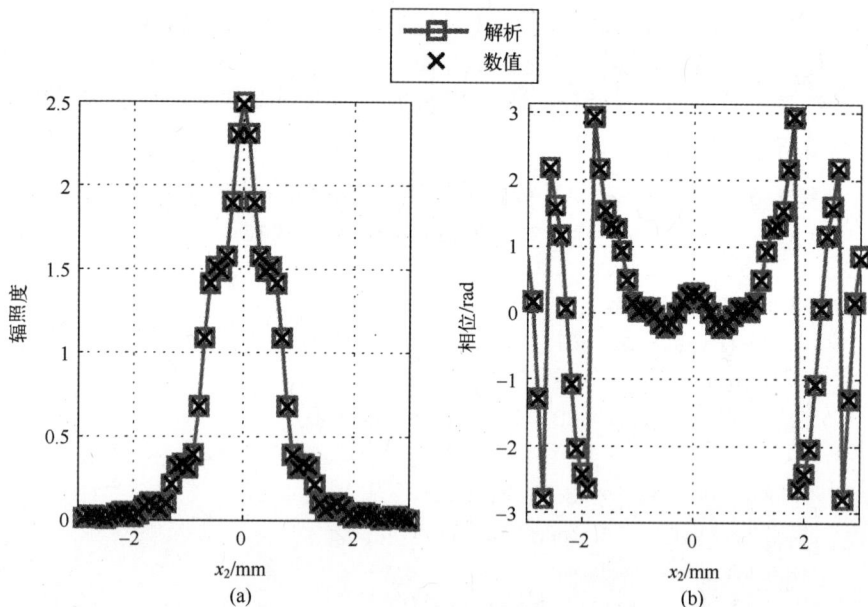

图 6.6　由方形孔径源发射的发散球面波前得到的观察面场，
该模拟使用了传播的 *ABCD* 光线矩阵方法
（a）辐空度；（b）相位。

程序 6.7　使用 *ABCD* 光线矩阵模拟方法模拟由方形孔径传播光线的实例

```
1    % example_square_prop_ang_specABCD. m
2
3    N = 1024;        %number of grid points per side
4    L = 1e-2;         % total size of the grid〔m〕
5    delta1 = L/N;   %   grid spacing〔m〕
6    D = 2e-3         % diameter of the aperature〔m〕
7    wvl = 1e-6;      % optical wavelength〔m〕
8    k = 2 * pi/ wvl;
9    Dz = 1;   % propagation distance〔m〕
10   f = inf    % source field radius of curvature〔m〕
11
12   〔x1 y1〕= meshgrid((-N/2:N/2-1) * delta1);
13     ap = rect(x1/D). * rect(y1/D);
14   delta2 = wvl * Dz/ (N * delta1)
```

```
15
16    ABCD = [ 1 Dz ; 0 1 ] * [ 1 0 ; -1/f  1 ];
17    [ x2 y2 Uout ]…
18        = ang_spec_propABCD ( ap , wvl , delta1 , delta2 , ABCD );
```

6.6 点源

点源的建模是比较困难的。真实点源 $U_{pt}(\boldsymbol{r}_1)$ 在第 1 章由 Dirac δ 函数表征为

$$U_{pt}(\boldsymbol{r}_1) = \delta(\boldsymbol{r}_1 - \boldsymbol{r}_c) \tag{6.82}$$

式中：$\boldsymbol{r}_c = (x_c, y_c)$ 是点源在 x_1—y_1 平面的位置。场 $U_{pt}(\boldsymbol{r}_1)$ 在整个空间频率域具有相同的傅里叶光谱，这意味着点源具有很罕见的无限空间带宽，因为大部分光源都是有限空间带宽的。对于在计算机模拟中必须使用的分立采样和有限尺度网格，无限空间带宽将引起一些问题。如果传播网格在源平面具有间隔 δ_1，那么在网格上表征的没有混淆现象的最大空间频率为 $1/(2\delta_1)$。因此，点源的有限带宽版本必须得到满足。模拟中的点源必须具有有限的空间范围。

文献中已经使用了不同的点源模型。为了模拟经过湍流的传播，马丁和弗拉特[44]以及科尔斯[32]使用了带有二次相位的窄高斯函数。马丁和弗拉特的模型点源由下式给出：

$$\exp\left(-\frac{r^2}{2\sigma^2}\right)\exp\left(-\mathrm{i}\,\frac{r^2}{2x_0^2}\right) \tag{6.83}$$

式中：参数 σ 和 x_0 等于网格间隔，这与 2.5.3 节的实例是相似的。

由于模拟中使用了吸收边界（在 8.1 节中讨论），该模型产生一个观察平面场，该观察场在传播网格中心 $1/3$ 部分是近似平的，向边缘逐渐趋于 0。随后，弗拉特等使用了如下给出的模型点源场[53]：

$$\exp\left(-\frac{r^2}{2\sigma^2}\right)\cos^2\left(\frac{r^2}{2\rho^2}\right) \tag{6.84}$$

式中：σ 和 ρ 近似等于网格间隔。

该模型同样产生一个场，在观察平面网格的中心 $1/3$ 部分是接近平的，向边缘逐渐趋于 0。

本书采用了一种不同的方法，并通过解析计算理想观察平面场来寻找一个好的模型。如果观察距离源 Δz 的 x_2—y_2 平面上的场，可以求解式(6.1)、式(6.5)或式(6.18)得到相应的场，即

$$U(\boldsymbol{r}_2) = \frac{e^{ik\Delta z}}{i\lambda\,\Delta z}e^{i\frac{k}{2\Delta z}\,|\,r_2 - r_c\,|^2} \tag{6.85}$$

该结果是对球面波的傍轴近似,在 x_2—y_2 平面具有恒定的振幅和抛物型相位。

我们的目标是获得模拟和潜在实验结果之间的一致。任何可能使用的相机和波前探测器只占据 x_2—y_2 平面有限区域。因此,如果在探测器区域的模拟获得很好的一致性,那么源模型就是有效的。随后,处理具有有限空间范围的场 $\widetilde{U}(\boldsymbol{r}_2)$,即

$$\widetilde{U}(\boldsymbol{r}_2) = \frac{e^{ik\Delta z}}{i\lambda\,\Delta z}W(\boldsymbol{r}_2 - \boldsymbol{r}_c)e^{i\frac{k}{2\Delta z}\,|\,r_2 - r_c\,|^2} \tag{6.86}$$

式中:$W(\boldsymbol{r}_2)$ 是只在有限空间范围内非零的"窗口"函数。$W(\boldsymbol{r}_2)$ 的范围必须至少和探测器一样大,但是小于传播网格。例如,该函数可以是二维 rect 和 circ 函数。

用 $\widetilde{U}_{pt}(\boldsymbol{r}_1)$ 表征点源模型,并代入菲涅耳衍射积分,设定结果等于 $\widetilde{U}(\boldsymbol{r}_2)$:

$$\widetilde{U}(\boldsymbol{r}_2) = \frac{e^{ik\Delta z}}{i\lambda\,\Delta z}e^{i\frac{k}{2\Delta z}r_2^2}\int_{-\infty}^{\infty}\widetilde{U}_{pt}(\boldsymbol{r}_1)e^{i\frac{k}{2\Delta z}r_1^2}e^{-i\frac{2\pi}{\lambda\Delta z}r_1\cdot r_2}d\boldsymbol{r}_1$$

$$= \frac{e^{ik\Delta z}}{i\lambda\,\Delta z}e^{i\frac{k}{2\Delta z}r_2^2}\mathcal{F}\left\{\widetilde{U}_{pt}(\boldsymbol{r}_1)e^{i\frac{k}{2\Delta z}r_1^2}\right\}_{f_1=\frac{r_2}{\lambda\Delta z}} \tag{6.87}$$

然后,可以求解如下形式的点源模型:

$$\widetilde{U}_{pt}(\boldsymbol{r}_1) = i\lambda\,\Delta z e^{-ik\Delta z}e^{-i\frac{k}{2\Delta z}r_1^2}\mathcal{F}^{-1}\left\{\widetilde{U}(\lambda\Delta z\boldsymbol{f}_1)e^{-i\pi\lambda\Delta z f_1^2}\right\} \tag{6.88}$$

将式(6.86)代入 $\widetilde{U}(\lambda\Delta z\boldsymbol{f}_1)$,得

$$\widetilde{U}_{pt}(\boldsymbol{r}_1) = e^{-i\frac{k}{2\Delta z}r_1^2}e^{i\frac{k}{2\Delta z}r_c^2}\mathcal{F}^{-1}\left\{W(\lambda\Delta z\boldsymbol{f}_1 - \boldsymbol{r}_c)e^{-i2\pi r_c\cdot f_1}\right\} \tag{6.89}$$

例如,使用宽度为 D 的方形区域

$$W(\boldsymbol{r}_2 - \boldsymbol{r}_c) = A\,\mathrm{rect}\!\left(\frac{x_2 - x_c}{D}\right)\mathrm{rect}\!\left(\frac{y_2 - y_c}{D}\right) \tag{6.90}$$

(式中,A 为振幅因子)因此得到如下的模型点源为

$$\widetilde{U}_{pt}(\boldsymbol{r}_1) = A e^{-i\frac{k}{2\Delta z}r_1^2}e^{i\frac{k}{2\Delta z}r_c^2}\mathcal{F}^{-1}\left\{\mathrm{rect}\!\left(\frac{\lambda\Delta z f_x - x_c}{D}\right)\mathrm{rect}\!\left(\frac{\lambda\Delta z f_y - y_c}{D}\right)\right\} \tag{6.91}$$

$$= A e^{-i\frac{k}{2\Delta z}r_1^2}e^{i\frac{k}{2\Delta z}r_c^2}e^{-i\frac{k}{2\Delta z}r_c\cdot r_1}\!\left(\frac{D}{\lambda\Delta z}\right)^2\mathrm{sinc}\!\left[\frac{D(x_1 - x_c)}{\lambda\Delta z}\right]\mathrm{sinc}\!\left[\frac{D(y_1 - y_c)}{\lambda\Delta z}\right] \tag{6.92}$$

程序 6.8 给出了一个点源的应用实例,代码中所用点源模型显示在图 6.7 中。设定网格间隔使得在中心波瓣具有 10 个格点,这样的模型看上去并不像点,但是

98

直径只有 0.125mm,如图 6.8 传播辐照度曲线所示,这一尺寸比宽度为 8.0mm 的窗口函数窄得多。图 6.9 显示传播的相位,窗口的作用在两条曲线中都非常明显,并且模型点源刚好在感兴趣的观察平面区域内产生了想要的内容。当这一模型在后面 9.5 节用于湍流模拟时,设定模型点源中的参数 D 比观察望远镜直径大 4 倍,确保湍流不会导致望远镜观察到窗口边缘。

程序 6.8　使用角频谱方法在 MATLAB 软件中传播 sinc 模型点源的实例

```
1    % example_pt_source. m
2
3    D=8e-3;    % diameter of the observation aperture [m]
4    wvl=1e-6;    % optical wavelength [m]
5    k=2*pi/wvl;    % optical wavenumber  [rad/m]
6    Dz=1;          % propagation distance [m]
7    arg=D/(wvl*Dz);
8    delta1=1/(10*arg);    % source-plane grid spacing [m]
9    delta2=D/100;          % observation-plane grid spacing[m]
10   N=1024;               % number of grid points
11   % source-plane coordinates
12   [x1 y1]=meshgrid((-N/2:N/2-1)*delta1);
13   [theta1 r1]=cart2pol(x1,y1);
14   A=wvl*Dz;    % sets field amplitude to 1 in obs plane
15   pt=A*exp(-i*k/(2*Dz)*r1.^2)*arg^2...
16       .*sinc(arg*x1).*sinc(arg*y1);
17   [x2 y2 Uout]=ang_spec_prop(pt,wvl,delta1,delta2,Dz);
```

不幸的是,图 6.9 的确在感兴趣区域之外显示出混淆现象,点源模型的修饰有可能减缓一部分混淆现象。由于使用了高斯模型,马丁和弗拉特等的方法不存在混淆现象的问题。实际上,合并 sinc 和高斯点源模型可以稍微减少相位混淆,为了表明这一点,程序 6.9 执行了这一模型,代码与程序 6.8 非常相似,只是 17 行的模型点源乘上一个高斯函数。

图 6.10~图 6.12 显示了 sinc-高斯模型点源和相应的观察平面场。比较图 6.7 和 6.10 可以明显看到,高斯因子减少了模型点源的旁瓣,并因此平滑了观察平面场的辐照度曲线。而且,图 6.12 显示的计算得到的观察平面相位在网格边缘与解析相位匹配得更好。

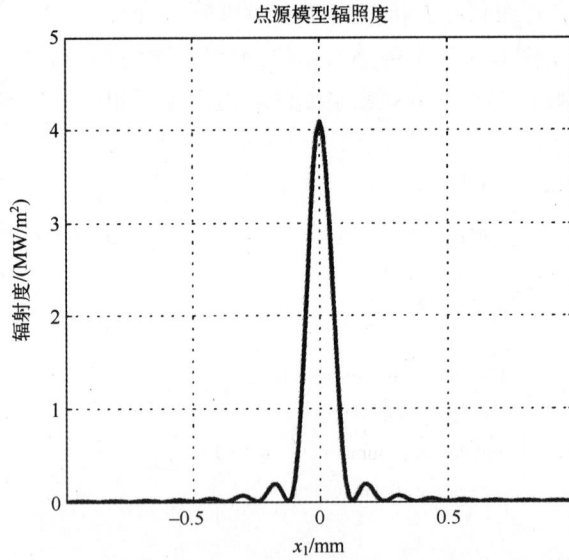

图 6.7 点源(源平面)sinc 模型的辐照度

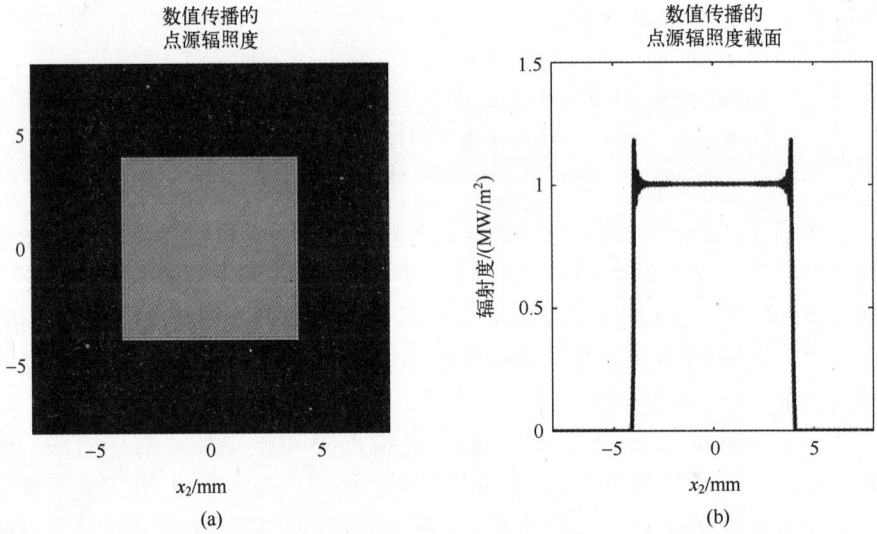

(a)

(b)

图 6.8 来自点源的 sinc 模型(观察平面)的菲涅耳衍射辐照度

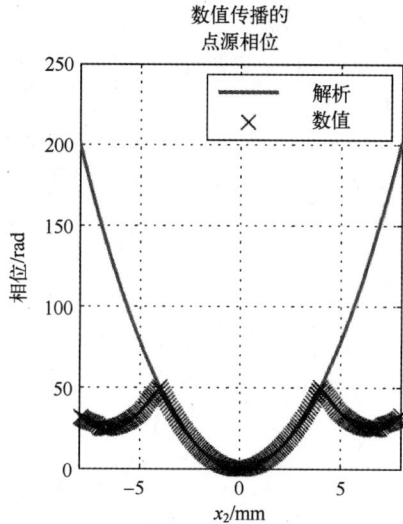

数值传播的
点源相位

图 6.9 来自点源的 sinc 模型(观察平面)的菲涅耳衍射相位

程序 6.9 使用角频谱在 MATLAB 软件中传播 sinc-高斯模型点源的实例

```
1   % example_pt_source_gaussian. m
2
3   D = 8e-3;    % diameter of the observation aperture [m]
4   wvl = 1e-6;    % optical wavelength [m]
5   k = 2 * pi/wvl; % optical wavenumber  [rad/m]
6   Dz = 1;        % propagation distance [m]
7   arg = D/( wvl * Dz);
8   delta1 = 1/( 10 * arg);   % source-plane grid spacing [m]
9   delta2 = D/100;          % observation-plane grid spacing[m]
10  N = 1024;               % number of grid points
11  % source-plane coordinates
12  [x1 y1] = meshgrid(( -N/2:N/2-1) * delta1);
13  [theta1 r1] = cart2pol( x1,y1);
14  A = wvl * Dz;  % sets field amplitude to 1 in obs plane
15  pt = A * exp(-i * k/( 2 * Dz) * r1.^2) * arg^2...
16     . * sinc( arg * x1). * sinc( arg * y1)...
17     . * exp(-( arg/4 * r1).^2);
18  [x2 y2 Uout]...
19     = ang_spec_prop( pt,wvl,delta1,delta2,Dz);
```

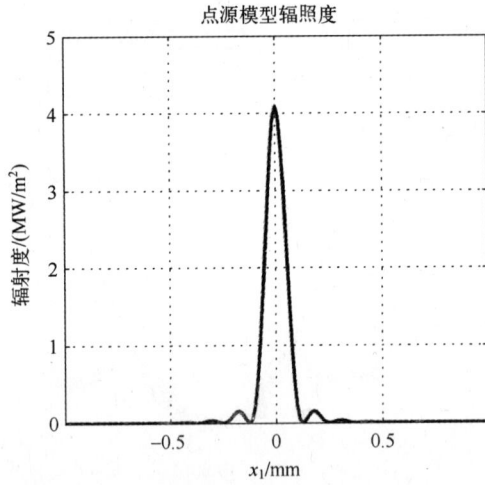

图 6.10　点源 sinc-高斯模型的辐照度(源平面)

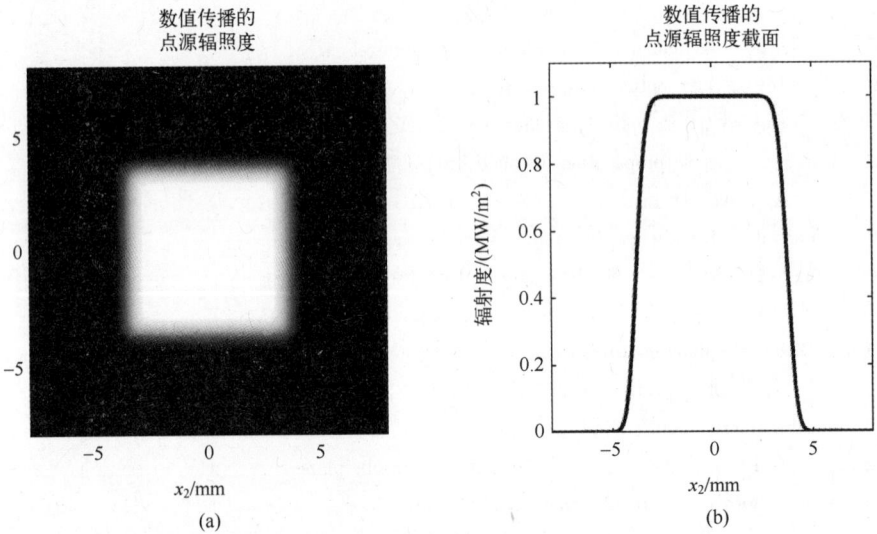

(a)

(b)

图 6.11　点源 sinc-高斯模型的菲涅耳衍射辐照度(观察平面)

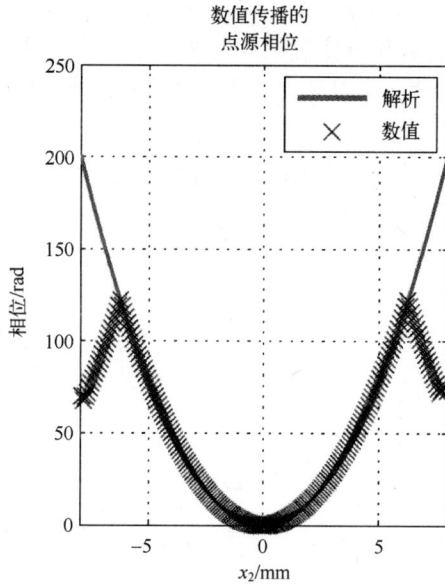

图 6.12　点源-高斯模型(观察平面)的菲涅耳衍射相位

6.7　习题

1. 调整程序 6.2 中的实例,使用角频谱方法传播一个高斯激光束。在源平面,设激光束处于束腰,即 $\omega = \omega_0 = 1\mathrm{mm}$ 和 $R = \infty$,观察平面位于 $z_2 = 4\mathrm{m}$。使用 $\lambda = 1\mu\mathrm{m}$,512 个格点,源平面 1cm 的网格,观察平面 1.5cm 的网格。分别显示观察平面在 $y_2 = 0$ 截面的辐照度和相位图,在同一图中对比模拟和解析结果。

2. 调整程序 6.2 中的实例,使用角频谱方法传播带圆形孔径的聚集光束。设观察平面位于光束焦平面。使用 $\lambda = 1\mu\mathrm{m}, D = 1\mathrm{cm}, f_l = 16\mathrm{cm}$,1024 个格点,源平面 2cm 网格,设定观察平面网格间隔为衍射极限光斑直径的 100 倍。显示焦平面在 $y_2 - 0$ 截面的辐照度曲线,在同一图中对比模拟和解析结果。

3. 调整程序 6.2 中的实例,使用角频谱方法模拟 Talbot 成像。设源平面存在振幅透过率等于

$$t_A(x_1, y_1) = \frac{1}{2}\left[1 + \cos(2\pi x_1/d)\right] \tag{6.93}$$

的振幅光栅,设观察面位于第一 Talbot 成像面。使用 $\lambda = 1\mu\mathrm{m}, d = 1\mathrm{cm}$,1024 个格

点,源平面和观察平面 2cm 网格。显示 Talbot 成像面的辐照度图像(只需要展示中心 10 个周期),并列显示并对比模拟和解析结果。

4. 计算模型点源,其中感兴趣的区域为矩形,x_2 和 y_2 方向的宽度分别为 D_x 和 D_y。

5. 计算模型点源,其中感兴趣的区域为圆形,直径为 D。

第 7 章　菲涅耳衍射的采样要求

使用模拟的主要原因是为了处理解析方法难以解决的问题,因此模拟光波传播的任何计算机代码都需要处理几乎所有类型的源场。波动光学模拟基于 DFT,并且在第 2 章了解到了混淆现象对 DFT 造成的困难。如果变换的波形是有限带宽的,只需要足够精细地进行采样就可以完全避免混淆现象(满足奈奎斯特准则)。然而,大多数光学源都不是空间有限带宽的,并且菲涅耳衍射积分中的二次相位项也肯定不是有限带宽的。许多作者已经对这些问题进行了仔细研究[30,31,35,37,42,54,55]。

由于光场的空间频率光谱直接对应平面波光谱[5],传播的几何结构限制了观察孔径内可以观察到的源空间频率成分。应该注意,这是一个物理问题,不是由采样引起的。这一原则是科伊采样方法的基础,并指导本章关于采样的大多数讨论。

7.1　施加带宽限制

源平面每一点的光场发射一束向观察平面传播的光线。每一条射线表征在其方向上传播的平面波。本章内容从仔细研究传播几何结构开始,首先确定相对于从源入射到观察平面感兴趣区域参考法向的最大平面波方向。

为了确保模拟准确,选择网格间隔和格点数量明显是至关重要的。下面的公式推导利用传播几何结构对必要的空间频率带宽进行了限制,也因此对采样点的数量和网格间隔进行了限制,这一限制决定了源平面网格的尺寸和间隔,也决定了观察平面网格的尺寸和间隔。

现在,需要重新使用奈奎斯特准则对网格间隔设置约束,即

$$\delta \leqslant \frac{1}{2f_{max}} \tag{7.1}$$

式中:f_{max} 为感兴趣的最大空间频率。

为了建立光线角度和空间带宽之间的联系,可以将式(6.5)改写成算子符号形式(只针对 FT)

$$U(x_2,y_2) = \frac{e^{ik\Delta z}}{i\lambda\Delta z} e^{i\frac{k}{2\Delta z}(x_2^2+y_2^2)} \mathcal{F}\left[r_1, f_1 = \frac{r_2}{\lambda\Delta z}\right] \left\{ U(x_1,y_1) e^{i\frac{k}{2\Delta z}(x_1^2+y_1^2)} \right\} \tag{7.2}$$

FT 的二次相位因子是有趣的,表征了聚焦到观察平面的虚拟球面波。式(7.2)看上去像是正在根据虚拟球面波表面对源场的相位进行测量。在以这种方法重新测量相位之后,变换源场使得每一个空间频率矢量 f_1 对应于观察平面的特定坐标。下面,将推导几何结构和空间频率之间的这一公式联系,求得采样网格的约束。

衍射角频谱公式化的概念是光场 $U(x,y)$ 可以分解成不同振幅和方向平面波的加和。任意方向平面波 $U_p(x,y,z,t)$ 可由相位复矢量符号给出,即

$$U_p(x,y,z,t) = e^{i(k \cdot r - 2\pi\nu t)} \tag{7.3}$$

式中:$r = x\hat{i} + y\hat{j} + z\hat{k}$ 为三维位置矢量;$k = (2\pi/\lambda)(\alpha\hat{i} + \beta\hat{j} + \gamma\hat{k})$ 为光波矢;ν 为光波的瞬时频率。

图 7.1 描述了这些方向余弦。平面波可由相位复矢量符号给出,即

$$U_p(x,y,z,t) = e^{ik \cdot r} = e^{i\frac{2\pi}{\lambda}(\alpha x + \beta y)} e^{i\frac{2\pi}{\lambda}\gamma z} \tag{7.4}$$

在 $z=0$ 平面,$\exp[i2\pi(f_x x + f_y y)]$ 形式的复指数源可以看作是沿方向余弦传播的平面波:

$$\alpha = \lambda f_x, \beta = \lambda f_y, \gamma = \sqrt{1 - (\lambda f_x)^2 - (\lambda f_x)^2} \tag{7.5}$$

因此,光源的空间频率光谱也是空间频率映射到方向余弦 (α, β) 的平面波光谱,式(7.5)给出了映射关系。图 7.1 阐明了方向余弦的几何结构。从这里开始,角频谱的截止角度定义为 $\alpha_{max} = \lambda f_{max}$,式中 α_{max} 是角频谱中能够影响观察场的最大角度。现在,式(7.1)可以改写为光场最大角成分与网格间隔相联系的形式,即

图 7.1　方向余弦 α、β、γ 示意图

$$\delta_1 \leqslant \frac{\lambda}{2\alpha_{max}} \tag{7.6}$$

相反,如果给出了网格间隔,那么由采样版本的光场表征的最大角成分为

$$\alpha_{max} \leqslant \frac{\lambda}{2\delta_1} \tag{7.7}$$

这样就可以将网格参数与传播几何结构联系在一起。

7.2　传播几何结构

现在的任务是由源和接收器的尺寸确定 α_{max},这一节将采取科伊、普劳斯和曼

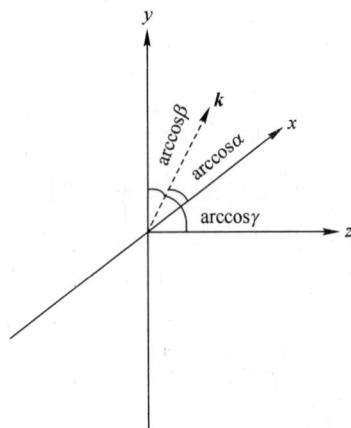

106

塞尔建立的方法[35,42,54]。讨论只限于空间一维,但是可以很容易推广到二维。另外,为体现一般性,假设传播波前为球面。

如图 7.2 所示,源场最大空间范围为 D_1。在观察平面,关注区域的最大空间范围为 D_2。光场向探测器传播,并且 D_2 是探测器的直径。另外,设源平面的网格间隔为 δ_1,观察平面的网格间隔为 δ_2。

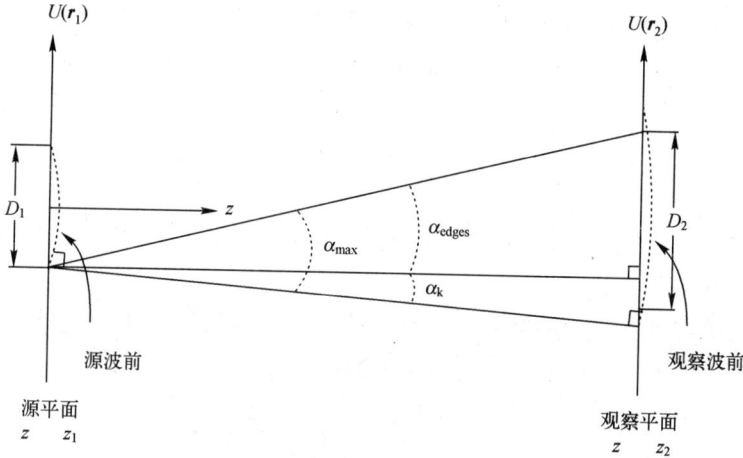

图 7.2   角度 α_{max}、α_k 和 α_{edges} 的定义

如前面讨论的,若源场可以看作是平面波的加和,那么源场也可以看作是点源的加和,这是标准的惠更斯原理。本节采用这种观点,这样就可以确保对网格进行足够精细地采样,使得源场的每一点完全照亮观察平面的关注区域。最大光线角度 α_{max} 对应源平面场点的发散角。

考虑源下方边缘的一点(坐标为 $x_1 = -D_1/2, z=z_1$),如图 7.2 所示,角 α_{max} 可以写成两个角度 α_k 和 α_{edges} 的加和。源底部边缘和观察孔径顶部边缘(坐标为 $x_2 = D_2/2, z=z_2$)之间的角度为(在傍轴近似下)

$$\alpha_{edges} = \frac{D_1 + D_2}{2\Delta z} \tag{7.8}$$

在源的下方边缘,式(7.2)中的虚拟球面波的光波矢 $\boldsymbol{k}$ 与 z 轴有一定的夹角。由于格点数是固定的,在源平面间隔距离为 δ_1,在观察平面间隔距离为 δ_2,所以网格尺寸的比例(观察/源)为 δ_2/δ_1。因此,$\boldsymbol{k}$ 与观察平面相交于 $x_2 = -D_1\delta_2/(2\delta_1)$。由此给出(傍轴)角度 α_k 为

$$\alpha_k = \frac{D_1\delta_2}{2\delta_1\Delta z} - \frac{D_1}{2\Delta z} = \frac{D_1}{2\Delta z}\left(\frac{\delta_2}{\delta_1} - 1\right) \tag{7.9}$$

然后,得到 α_{max} 为

$$\alpha_{max} = \alpha_{edges} + \alpha_k \tag{7.10}$$

$$= \frac{D_1 + D_2}{2\Delta z} + \frac{D_1}{2\Delta z}\left(\frac{\delta_2}{\delta_1} - 1\right) \tag{7.11}$$

$$= \frac{D_1\delta_2/\delta_1 + D_2}{2\Delta z} \tag{7.12}$$

当该式与式(7.7)的采样要求合并,结果为

$$\frac{D_1\delta_2/\delta_1 + D_2}{2\Delta z} \leqslant \frac{\lambda}{2\delta_1} \tag{7.13}$$

$$\delta_2 \leqslant -\frac{D_2}{D_1}\delta_1 + \frac{\lambda\Delta z}{D_1} \tag{7.14}$$

满足式(7.14)意味着选择的网格间隔对影响关注区域的空间带宽进行了充分采样。

现在,确定观察平面网格的必要空间范围是有帮助的。图 7.3 显示在观察平面(由最大角分量 α_{max} 的源)照明区域的直径 D_{illum} 为

$$D_{illum} = D_1\delta_2/\delta_1 + 2\alpha_{max}\Delta z \tag{7.15}$$

$$= D_1\delta_2/\delta_1 + \frac{\lambda\Delta z}{\delta_1} \tag{7.16}$$

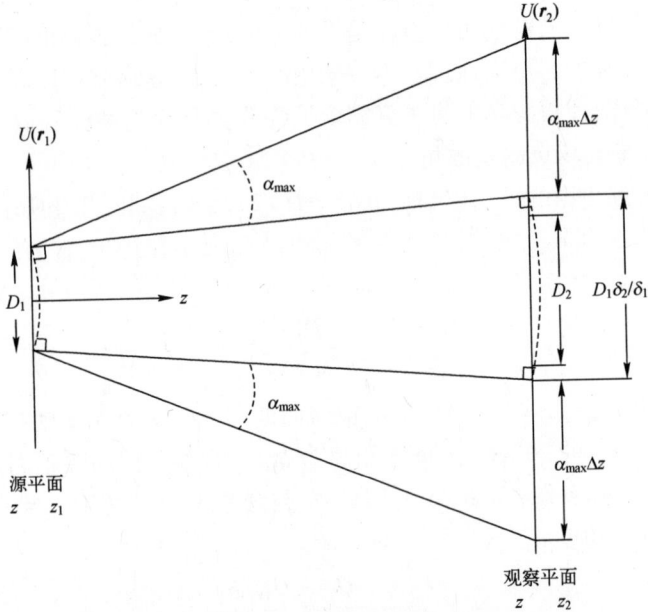

图 7.3　最大角分量影响的观察平面部分

只要不干扰观察孔径区域,允许观察平面存在一定的混淆现象。如果网格具有比照明区域更小的空间范围,可以设想照明区域的边缘重合到网格的另一边,这一现象出现在图2.6(d)和图2.7(d)中。为了使重合部分恰好到达观察孔径的边缘,网格范围至少必须与照明区域和观察孔径的平均值一样大,这样只覆盖半圈,得

$$D_{grid} \geqslant \frac{D_{illum}+D_2}{2} \tag{7.17}$$

$$= \frac{D_1\delta_2/\delta_1+\lambda\Delta z/\delta_1+D_2}{2} \tag{7.18}$$

最终,观察平面要求的格点数为

$$N = \frac{D_{grid}}{\delta_2} \tag{7.19}$$

$$\geqslant \frac{D_1}{2\delta_1}+\frac{D_2}{2\delta_2}+\frac{\lambda\Delta z}{2\delta_1\delta_2} \tag{7.20}$$

满足式(7.20)意味着观察平面的空间范围足够大,可以确保纠缠的光没有溜进关注的观察平面区域。

7.3　传播方法的有效性

满足几何约束不能确保有效避免观察面关注区域的混淆现象。人们也必须考虑哪种传播方法更加有效。菲涅耳积分方法和角频谱方法带有不同的约束。人们必须避免混淆 FT 中的二次相位因子,并且两种传播方法具有不同的二次相位因子。根据这些不同的约束得到的结果表明,6.3 节的菲涅耳积分方法对长传播有效,而6.4 节的角频谱方法对短传播有效[30,31,37]。

7.3.1　菲涅耳积分传播

这一小节首先应用几何约束,并考虑菲涅耳传播允许的特定网格间隔;然后,检验如何避免源平面二次相位因子的混淆现象。这些分析产生了一系列在选择网格参数时必须满足的不等式。

7.3.1.1　一步固定观察平面网格间隔

如前面章节所讨论的,执行一步菲涅耳传播时,观察平面网格间隔 δ_2 是固定的,固定值为

$$\delta_2 = \frac{\lambda\Delta z}{N\delta_1} \tag{7.21}$$

将式(7.21)与传播几何结构建立联系,代入式(7.14),得

$$D_1\frac{\lambda\Delta z}{N\delta_1}+D_2\delta_1\leqslant\lambda\Delta z \tag{7.22}$$

$$D_1\frac{\lambda\Delta z}{\delta_1}+D_2\delta_1 N\leqslant N\lambda\Delta z \tag{7.23}$$

$$D_1\frac{\lambda\Delta z}{\delta_1}\leqslant N(\lambda\Delta z-D_2\delta_1) \tag{7.24}$$

$$N\geqslant\frac{D_1\lambda\Delta z}{\delta_1(\lambda\Delta z-D_2\delta_1)} \tag{7.25}$$

代替式(7.20)中的 δ_2,得

$$N\geqslant\frac{D_1}{2\delta_1}+\frac{D_2\delta_1}{2\lambda\Delta z}N+\frac{\lambda\Delta z}{2\delta_1}\frac{N\delta_1}{\lambda\Delta z} \tag{7.26}$$

$$N\geqslant\frac{D_1}{2\delta_1}+\frac{D_2\delta_1}{2\lambda\Delta z}N+\frac{N}{2} \tag{7.27}$$

$$\frac{N}{2}-\frac{D_2\delta_1}{2\lambda\Delta z}N\geqslant\frac{D_1}{2\delta_1} \tag{7.28}$$

$$N\left(1-\frac{D_2\delta_1}{\lambda\Delta z}\right)\geqslant\frac{D_1}{\delta_1} \tag{7.29}$$

$$N\geqslant\frac{D_1}{\delta_1\left(1-\dfrac{D_2\delta_1}{\lambda\Delta z}\right)} \tag{7.30}$$

$$N\geqslant\frac{D_1\lambda\Delta z}{\delta_1(\lambda\Delta z-D_2\delta_1)} \tag{7.31}$$

式(7.31)与式(7.25)完全相同。也要注意这一不等式的两个属性:因为 N 为正整数,必须保证 $\lambda\Delta z>D_2\delta_1$;并且随着 $\lambda\Delta z\rightarrow D_2\delta_1$,最小必要 N 接近 ∞。

7.3.1.2 避免混淆现象

自由空间振幅扩展函数具有非常大的带宽。截止频率为 λ^{-1},这对于表征有限尺寸的网格来说太高了[5]。如果尝试使用源平面网格间隔 $\delta_1=\lambda/2\approx500\mathrm{nm}$,可以使用的最大网格范围为 $L=N\delta_1\approx500\mathrm{nm}\times1024=0.512\mathrm{mm}$(高达 2048 或 4096 的网格尺寸是可能的,与所用计算机有关)。当然,只有非常少的实际问题可以在这样小的网格上进行模拟。

实践中做得最好的结果是确保正确表征出现在网格上的所有频率。由于不能计划所有可能类型的源平面场,所以可以通过将源建模为具有最大空间范围 D_1 和半径为 R 抛物波前的切趾光束来导出采样准则。这样的源场 $U(\boldsymbol{r}_1)$ 可以写为

$$U(\boldsymbol{r}_1)=A(\boldsymbol{r}_1)\mathrm{e}^{\mathrm{i}\frac{k}{2R}r_1^2} \tag{7.32}$$

110

式中:$A(r_1)$ 描述源孔径的振幅透过率。

$A(r_1)$ 非零部分的最大空间范围为 D_1。发散光束表示为 $R<0$,而会聚光束表示为 $R>0$。根据这种类型的源,菲涅耳衍射积分变为

$$U(r_2) = \mathcal{Q}\left[\frac{1}{\Delta z}, r_2\right] \mathcal{V}\left[\frac{1}{\lambda \Delta z}, r_1\right] \mathcal{F}[r_1, f_1] \mathcal{Q}\left[\frac{1}{\Delta z}, r_1\right] \{U(r_1)\} \qquad (7.33)$$

$$= \mathcal{Q}\left[\frac{1}{\Delta z}, r_2\right] \mathcal{V}\left[\frac{1}{\lambda \Delta z}, r_1\right] \mathcal{F}[r_1, f_1] \mathcal{Q}\left[\frac{1}{\Delta z}, r_1\right] \{A(r_1) e^{i\frac{k}{2R}r_1^2}\} \qquad (7.34)$$

$$= \mathcal{Q}\left[\frac{1}{\Delta z}, r_2\right] \mathcal{V}\left[\frac{1}{\lambda \Delta z}, r_1\right] \mathcal{F}[r_1, f_1] \mathcal{Q}\left[\frac{1}{\Delta z}, r_1\right] \mathcal{Q}\left[\frac{1}{R}, r_1\right] \{A(r_1)\} \qquad (7.35)$$

$$= \mathcal{Q}\left[\frac{1}{\Delta z}, r_2\right] \mathcal{V}\left[\frac{1}{\lambda \Delta z}, r_1\right] \mathcal{F}[r_1, f_1] \mathcal{Q}\left[\frac{1}{\Delta z}+\frac{1}{R}, r_1\right] \{A(r_1)\} \qquad (7.36)$$

获得准确结果的关键是对 FT 中的二位相位因子进行足够高频率的采样以满足奈奎斯特准则。如果不够精细地采样,高频分量将出现在更低频率中,这一效应也出现图 2.6(d) 和图 2.7(d) 中。更低频率对应更低光线角度,可能错误侵入到观察平面的关注区域。

为了避免或至少最小化混淆现象,需要由式(7.36)确定乘积 QA 的带宽。Lambert 和 Fraser 证明非常小孔径的带宽由 A 设定,而大一些孔径的带宽由孔径边缘 Q 的相位设定[47]。通常后者是需要解决的问题,所以本节关注 Q 的相位。本振空间频率 f_{loc} 基本上是波形改变的本振速率,即[5]

$$f_{loc} = \frac{1}{2\pi} \nabla \phi \qquad (7.37)$$

式中:ϕ 为以弧度为单位的光学相位;f_{loc} 的 Cartesian 成分以 m^{-1} 为单位。

从在概念上讲,快速变化的波形(大梯度的区域)具有高频分量。本节想找出积分内部二次相位的最大本振空间频率并对以至少以两倍的频率进行采样。由于二次相位在两个 Cartesian 方向上具有相同的变化,所以只分析 x_1 方向,得

$$f_{locx} = \frac{1}{2\pi} \frac{\partial}{\partial x_1} \frac{k}{2}\left(\frac{1}{\Delta z}+\frac{1}{R}\right) r_1^2 \qquad (7.38)$$

$$= \left(\frac{1}{\Delta z}+\frac{1}{R}\right) \frac{x_1}{\lambda} \qquad (7.39)$$

式(7.39)采用了在网格边缘 $x_1 = N\delta_1/2$ 处的最大值。然而,如果源是切趾的,并且场只在最大范围为 D_1 的中心孔径内是非零的,那么式(7.39)应该包括相位。因此,源场和二次相位因子的乘积在 $x_1 = \pm D_1/2$ 具有最大本振空间频率值。然后,应用奈奎斯特准则,得

$$\left(\frac{1}{\Delta z}+\frac{1}{R}\right)\frac{D_1}{2\lambda} \leqslant \frac{1}{2\delta_1} \qquad (7.40)$$

经过一些代数运算,得

$$\Delta z \geqslant \frac{D_1 \delta_1 R}{\lambda R - D_1 \delta_1} \qquad (\text{有限 } R) \qquad (7.41)$$

$$\Delta z \geqslant \frac{D_1 \delta_1}{\lambda} \qquad (\text{无限 } R) \qquad (7.42)$$

注意这只是一个准则。当 Δz 接近最小要求值,模拟结果可能与解析结果不完全匹配。

接下来的实例阐述了使用采样分析获得准确模拟结果的过程。程序7.1给出了随后使用 one_step_prop 的实例,用于适当考虑采样约束的方形孔径,该实例继续绘制了带有解析结果的模拟结果。在第10行,式(7.25)计算出了格点的最小数量。该实例需要66个格点。然后,在第11行,实际使用的格点数由2的下一个幂来确定,也就是128,这一过程利用 FFT 算法完成。执行第11行之后,与采样有关的模拟参数为

$$
\begin{aligned}
&D_1 = 2\text{mm} \\
&D_2 = 3\text{mm} \\
&\lambda = 1\mu\text{m} \\
&\Delta z = 0.5\text{m} \\
&\delta_1 = 40\mu\text{m} \\
&\delta_2 = 97.7\mu\text{m} \\
&N = 128
\end{aligned}
\qquad (7.43)
$$

应用式(7.42)发现用于一步菲涅耳积分传播的最小距离为8cm。可以明显预期结果与理论非常匹配,因为存在足够多的网格点(几乎是需求数量的2倍),并且传播距离比这一模拟方法所要求的极限远得多。图7.4显示了得到的振幅和相位。事实上,模拟的确与解析结果非常匹配。

程序 7.1　使用一步方法在 MATLAB 软件中对菲涅耳衍射积分进行求值的实例

```
1    % example_square_one_step_prop_samp.m
2
3    D1 = 2e-3;            %diam of the source aperture [m]
4    D2 = 3e-3;            % diam of the obs-plane region of interest [m]
5    delta1 = D1/ 50;      % want at least 50 grid pts across ap
6    wvl = 1e-6;           %optical wavelength [m]
7    k = 2 * pi/wvl;
8    Dz = 0.5;             %propagation distance [m]
9    % minimum number of grid points
10   Nmin = D1 * wvl * Dz /(delta1 * (wvl * Dz-D2 * delta1));
```

```
11    N = 2^ceil(log2(Nmin));          %number of grid pts per side
12    % source plane
13    [x1 y1] = meshgrid((-N/2:N/2-1) * delta1);
14    ap = rect(x1/D1) .* rect(y1/D1);
15    % simulate the propagation
16    [x2 y2 Uout] = one_step_prop(ap, wvl, delta1, Dz);
17
18    % ananlytic result for y2 = 0 slice
19    Uout_an...
20       = fresnel_prop-square_ap(x2(N/2+1,:),0,D1,wvl,Dz);
```

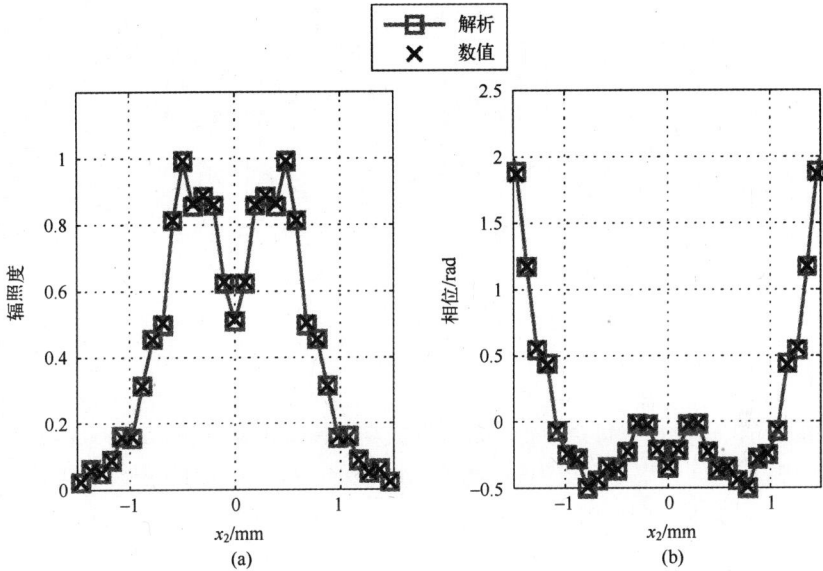

图 7.4 方形孔径的菲涅耳衍射,模拟与解析
(a)观察平面辐照度;(b)观察平面相位。

7.3.2 角频谱传播

对丁角频谱方法,观察平面网格间隔不像之前章节一样是固定的。网格间隔 δ_1 和 δ_2 可以独立选择,所以不存在像菲涅耳积分方法那样对式(7.14)和式(7.20)的简化。相反,存在两个额外必须满足的不等式防止高频分量误导观察平面的关注区域,这是由于式(6.67)给出的角频谱方法避免二次相位因子混淆的自身要求。类似之前小节,本节仍将源平面场 $U(r_1)$ 限制为式(7.32)的形式。根据这种形式,角频谱方法可以写成如下形式:

$$U(\mathbf{r}_2) = \mathcal{Q}\left[\frac{m-1}{m\Delta z}, \mathbf{r}_2\right] \mathcal{F}^{-1}\left[\mathbf{f}_1, \frac{\mathbf{r}_2}{m}\right] \mathcal{Q}_2\left[-\frac{\Delta z}{m}, \mathbf{f}_1\right]$$

$$\times \mathcal{F}[\mathbf{r}_1, \mathbf{f}_1] \mathcal{Q}\left[\frac{1-m}{\Delta z}, \mathbf{r}_1\right] \frac{1}{m}\{U(\mathbf{r}_1)\} \tag{7.44}$$

$$= \mathcal{Q}\left[\frac{m-1}{m\Delta z}, \mathbf{r}_2\right] \mathcal{F}^{-1}\left[\mathbf{f}_1, \frac{\mathbf{r}_2}{m}\right] \mathcal{Q}_2\left[-\frac{\Delta z}{m}, \mathbf{f}_1\right]$$

$$\times \mathcal{F}[\mathbf{r}_1, \mathbf{f}_1] \mathcal{Q}\left[\frac{1-m}{\Delta z}, \mathbf{r}_1\right] \frac{1}{m}\{A(\mathbf{r}_1) e^{i\frac{k}{2R}r_1^2}\}$$

$$= \mathcal{Q}\left[\frac{m-1}{m\Delta z}, \mathbf{r}_2\right] \mathcal{F}^{-1}\left[\mathbf{f}_1, \frac{\mathbf{r}_2}{m}\right] \mathcal{Q}_2\left[-\frac{\Delta z}{m}, \mathbf{f}_1\right]$$

$$\times \mathcal{F}[\mathbf{r}_1, \mathbf{f}_1] \mathcal{Q}\left[\frac{1-m}{\Delta z}, \mathbf{r}_1\right] \frac{1}{m} \mathcal{Q}\left[\frac{1}{R}, \mathbf{r}_1\right] \{A(\mathbf{r}_1)\}$$

$$= \mathcal{Q}\left[\frac{m-1}{m\Delta z}, \mathbf{r}_2\right] \mathcal{F}^{-1}\left[\mathbf{f}_1, \frac{\mathbf{r}_2}{m}\right] \mathcal{Q}_2\left[-\frac{\Delta z}{m}, \mathbf{f}_1\right]$$

$$\times \mathcal{F}[\mathbf{r}_1, \mathbf{f}_1] \frac{1}{m} \mathcal{Q}\left[\frac{1-m}{\Delta z} + \frac{1}{R}, \mathbf{r}_1\right] \{A(\mathbf{r}_1)\} \tag{7.45}$$

在 FT(和 IFT)操作中,需要考虑两个二次相位因子:

$$\mathcal{Q}\left[\frac{1-m}{\Delta z} + \frac{1}{R}, \mathbf{r}_1\right] = \exp\left[-i\frac{k}{2}\left(\frac{1-m}{\Delta z} + \frac{1}{R}\right) |\mathbf{r}_1|^2\right] \tag{7.46}$$

$$\mathcal{Q}_2\left[-\frac{\Delta z}{m}, \mathbf{f}_1\right] = \exp\left(i\pi^2 \frac{2\Delta z}{mk} |\mathbf{f}_1|^2\right) \tag{7.47}$$

如前所述,需要计算每个因子的最大本振空间频率并应用奈奎斯特采样准则,确保所包含的现有空间频率不会出现混淆现象,由此保护关注区域内的观察平面场。

第一个相位因子中,相位 ϕ 为

$$\phi = \frac{k}{2}\left(\frac{1-m}{\Delta z} + \frac{1}{R}\right) |\mathbf{r}_1|^2 \tag{7.48}$$

$$= \frac{k}{2}\left(\frac{1-\delta_2/\delta_1}{\Delta z} + \frac{1}{R}\right) |\mathbf{r}_1|^2 \tag{7.49}$$

本振空间频率 f_{lx} 为

$$f_{lx} = \frac{1}{2\pi} \frac{\partial}{\partial x_1} \phi \tag{7.50}$$

$$= \frac{1}{\lambda}\left(\frac{1-\delta_2/\delta_1}{\Delta z} + \frac{1}{R}\right) x_1 \tag{7.51}$$

由于相位因子与源平面光瞳函数相乘,最大空间频率再次发生在 $x_1 = \pm D_1/2$,应用奈奎斯特采样准则,得

114

$$\frac{1}{\lambda}\left|\frac{1-\delta_2/\delta_1}{\Delta z}+\frac{1}{R}\right|\frac{D_1}{2}\leqslant\frac{1}{2\delta_1} \tag{7.52}$$

经过代数运算,得

$$\left(1+\frac{\Delta z}{R}\right)\delta_1-\frac{\lambda\Delta z}{D_1}\leqslant\delta_2\leqslant\left(1+\frac{\Delta z}{R}\right)\delta_1+\frac{\lambda\Delta z}{D_1} \tag{7.53}$$

第二个二次相位因子(振幅扩展函数)的相位为

$$\phi=\pi^2\frac{2\Delta z}{mk}|f_1|^2 \tag{7.54}$$

$$=\pi^2\frac{2\delta_1\Delta z}{\delta_2 k}|f_1|^2 \tag{7.55}$$

本振空间频率 f'_{1x}(主符号用于避免与二次相位因子变量混淆)为

$$f'_{1x}=\frac{1}{2\pi}\frac{\partial}{\partial f_{1x}}\phi \tag{7.56}$$

$$=\frac{\delta_1\lambda\Delta z}{\delta_2}f_{1x} \tag{7.57}$$

这是空间频率网格边缘 $f_{1x}=\pm1/(2\delta_1)$ 处的最大值。应用奈奎斯特采样准则给出

$$\frac{\lambda\Delta z}{2\delta_2}\leqslant\frac{N\delta_1}{2} \tag{7.58}$$

$$N\geqslant\frac{\lambda\Delta z}{\delta_1\delta_2} \tag{7.59}$$

由于存在 4 个不等式,这样的程序比菲涅耳积分传播复杂得多,阐明这一程序的简单方法还是通过实例。现在重申上述 4 个采样约束:

(1) $\delta_2\leqslant-\dfrac{D_2}{D_1}\delta_1+\dfrac{\lambda\Delta z}{D_1}$;

(2) $N\geqslant\dfrac{D_1}{2\delta_1}+\dfrac{D_2}{2\delta_2}+\dfrac{\lambda\Delta z}{2\delta_1\delta_2}$;

(3) $\left(1+\dfrac{\Delta z}{R}\right)\delta_1-\dfrac{\lambda\Delta z}{D_1}\leqslant\delta_2\leqslant\left(1+\dfrac{\Delta z}{R}\right)\delta_1+\dfrac{\lambda\Delta z}{D_1}$;

(4) $N\geqslant\dfrac{\lambda\Delta z}{\delta_1\delta_2}$。

考虑根据如下参数对式(7.44)进行求值的实例: $D_1=2\text{mm}$, $D_2=4\text{mm}$, $\Delta z=0.1\text{m}$, 和 $\lambda=1\mu\text{m}$。同时求解 4 个不等式是比较困难的,最简单的方法是通过图表显示这些不等式在 (δ_1, δ_2) 域的边界,如图 7.5 所示。图(a)显示了来自约束 4(黑实线)下边界为 $\log_2 N$ 的轮廓图,图中还有约束 1(点划线)和约束 3(左上角刚刚可见的短划线)给出的 δ_2 上边界。约束 1 明显比与 δ_2 有关的约束 3 更严格,进行 δ_1 和 δ_2 选值时,这一约束将取

值限制在图中点线下方的左下角,轮廓线这一区域所要求的格点数至少为 $2^{8.5}$。然而,利用 FFT 算法实际上必须选取 2 的整数次幂,所以必须选择 $N=2^9=512$ 个格点。某种程度上任意选择的 $\delta_1=9.48\mu m$ 和 $\delta_2=28.12\mu m$ 要求最小格点数为 $2^{8.55}$,除非约束 2 更严格,否则必须选择 $N=2^9=512$ 个格点。图(b)表明约束 2 所要求的格点数只有 $2^{8.51}$。因此,假设 $\delta_1=9.48\mu m$ 和 $\delta_2=28.12\mu m$,选择 $N=512$ 是足够的。

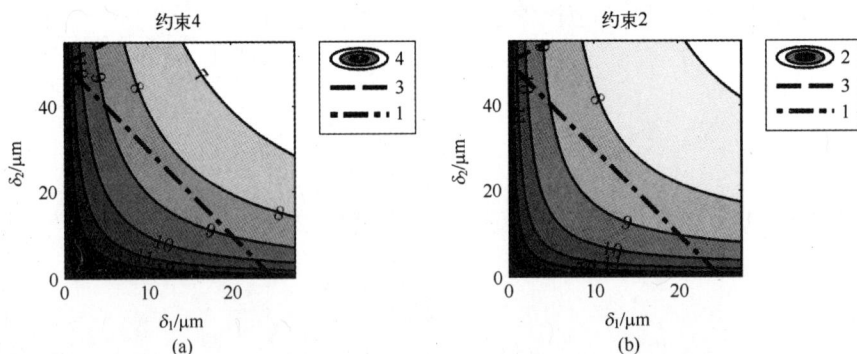

图 7.5　角频谱传播方法的采样约束
(a)约束 4、3 和 1;(b)约束 2、3 和 1。

程序 7.2 给出了这一模拟实例的 MATLAB 代码,该代码数值求解角频谱方法(式(7.44))来模拟通过方形孔径的传播。模拟使用了以上关于采样讨论的参数,假设考虑了所有采样的约束,可以预计模拟结果的振幅和相位与分析结果匹配得非常好。结果显示在图 7.6 中,辐照度 $y_2=0$ 截面显示在图(a)中,纠缠的相位 $y_2=0$ 截面显示在图(b)中。模拟结果的确与解析结果匹配得非常好。

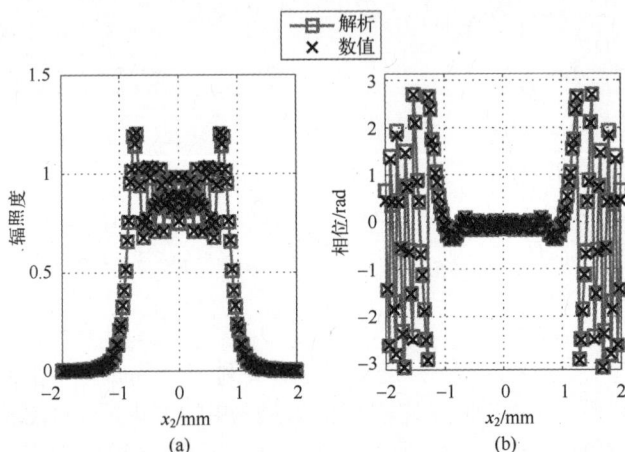

图 7.6　方形孔径的菲涅耳衍射,角频谱模拟与解析
(a)观察平面辐照度;(b)观察平面相位。

7.3.3　一般准则

现在可以概括地规划采样约束问题。首先,可以证明约束 4 比约束 1 和约束 2 的组合更加严格。因此,只有图 7.5(a)需要分析,图(b)可以忽略。进一步地,约束 2 和 3 是简单线性不等式。图 7.7 显示约束 1 的斜率为 $-D_2/D_1$ 而 δ_2 截距为 $\lambda\Delta z/D_1$,然而约束 3 更加有趣,上边界斜率为 $1+\Delta z/R$ 而 δ_2 截距为 $\lambda\Delta z/D_1$。对比图 7.7(a)和(b)与图(c)表明,如果 $-D_2/D_1<1+\Delta z/R$,约束 3 的上边界就不是考虑因素,因为约束 3 与约束 2 相比,具有相同 δ_2 截距和比约束 2 更大的斜率。约束 3 的下边界具有斜率 $1+\Delta z/R$ 和 δ_2 截距 $-\lambda\Delta z/D_1$。δ_2 截距是非物理的,所以我们忽略它并转而关注 δ_1 截距,δ_1 截距为 $\lambda\Delta z/[D_1(1+\Delta z/R)]$。因此,对比图(a)和图(b)表明,当 $1+\Delta z/R <D_2/D_1$ 时,约束的下边界不是一个决定因素。

程序 7.2　使用角频谱方法在 MATLAB 软件中对菲涅耳衍射积分进行求值的实例

```
1    % example_square _prop_ang_spec.m
2
3    D1 = 2e-3;              % diam of the source aperture [m]
4    D2 = 4e-3;              % diam of the obs-plane region of interest [m]
5    wvl = 1e-6;             % optical wavelength [m]
6    k = 2 * pi / wvl;
7    Dz = 0.1;              % propagation distance [m]
8    delta1 = 9.4848e-6;
9    delta2 = 28.1212e-6;
10   Nmin = D1/(2 * delta1) +D2/(2 * delta2)...
11     +(wvl * Dz)/(2 * delta1 * delta2);
12   % bump N up to the next power of 2 for efficient FFT
13   N = 2^ceil(log2(Nmin));
14
15   [x1 y1] = meshgrid((-N/2:N/2-1) * delta1);
16   ap = rect(x1/D1). * rect(y1/D1);
17   [x2 y2 Uout] = ang_spec_prop(ap, wvl, delta1, delta2, Dz);
18
19   % analytic result for y2 = 0 slice
20   Uout_an...
21     = fresnel_prop-square_ap(x2(N/2+1, :), 0, D1, wvl, Dz);
```

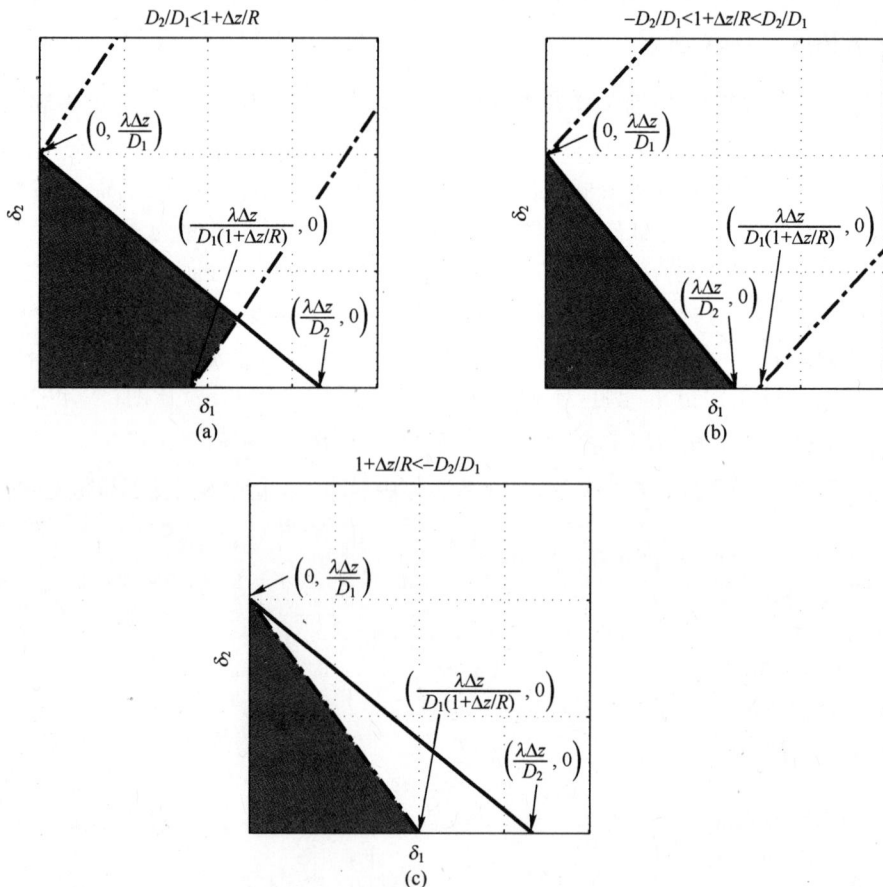

图 7.7　角频谱传播的一般采样约束

　　总结以上对约束 3 的讨论,当

$$\left|1+\frac{\Delta z}{R}\right| < \frac{D_2}{D_1} \tag{7.60}$$

时,约束 3 不是一个决定因素。有趣的是,这一结论的物理解释为几何光束包含在直径为 D_2 的区域之内,包括聚焦在观察平面之前或之后的发散源场和会聚源场。

　　采样约束的分析应该起到波动光学模拟指导方针的作用,而不是不可打破的规则。这一章最重要的内容是二次相位因子,这一因子普遍存在于傅里叶光学,对数值模拟提出了巨大的挑战,所以必须谨慎处理并全面验证模拟结果。尝试模拟一个没有已知解析解的傅里叶传播问题必须首先将采样作为选取传播网格的一般性指导方针。然后,模拟方案的准确性必须通过一个带有已知解的相似问题进行确证。这也就是本书为什么使用如此频繁方形孔径传播问题的原因。

7.4 习题

1. 考虑信号

$$g(x) = \exp(i\pi a^2 x^2) \tag{7.61}$$

式中：$a=4$，在格点数为 $N=128$ 和总网格尺寸为 $L=4$ 的网格上进行采样。不进行任何 FT，解析证明采样信号具有混淆现象。

2. 显示波长 $1\mu m$，传播 $100km$ 距离到达直径 $2m$ 孔径的点源的采样图表。

3. 显示波长 $0.5\mu m$，直径 $1mm$ 传播 $2.0m$ 距离到达直径 $2m$ 孔径的源的采样图表。

4. 修饰程序 7.2 和附录 B.5 来使用以下形式的会聚/发散源：

$$U(x_1, y_1) = \mathrm{rect}\left(\frac{x_1}{D_1}\right) \mathrm{rect}\left(\frac{y_1}{D_1}\right) e^{i\frac{k}{2R}(x_1^2 + y_1^2)} \tag{7.62}$$

（1）改编式（1.60）给出方形孔径菲涅耳衍射的解析解，使其包括式（7.62）发散/会聚波前。仅仅一点代数操作获得与式（1.60）相似的解析结果，但是稍微更一般性地说明发散/会聚源。见文献了解式（1.60）的详细推导。

（2）使 $D_1 = 2mm$，$D_2 = 4mm$，$\Delta z = 0.1m$，$\lambda = 1\mu m$，和 $R = -0.2m$（就像在实例中，但是具有会聚源）。在准备开始角频谱模拟的过程中，生成类似图 7.5 的图线来展示选取 δ_1、δ_2 和 N 的谨慎方法。

（3）开始模拟，生成振幅和相位 $y_2 = 0$ 截面的图线。用给定参数求解（1）部分获得的解析结果，在相同图中包括解析结果。

5. 图表证明式（7.60）意味着几何光束包含在直径为 D_2 的区域内。显示聚焦在观察平面之前或之后的发散源场和会聚源场的光线图表。

6. 代数证明约束 4 比约束 1 和 2 的组合更严格。

第8章 部分光传播的松弛采样约束

菲涅耳传播的采样约束是严格的,角频谱方法尤其适用于短距离传播,其中涉及的关键问题是由于混淆现象引起的交扰现象,目前已经提出了几种减弱这种现象的方法,多数方法集中在空间衰减和光场滤波上。例如,约翰斯顿和莱恩描述了一种过滤自由空间传递函数并且根据滤波器带宽设置网格尺寸的技术[41]。然后,设置基于如7.3.2节所述的避免二次相位因子混淆现象的采样间隔。

约翰斯顿和莱恩对空间滤波器的选择是有效的,但这种选择在一定程度上与一些特定交扰效应存在间接联系。本书将提供一种更加直接的方法。对于固定的 D_1、δ_1、D_2 和 δ_2,必须满足第 7 章的约束 1、3 和 4。一般来说,Δz 也是固定的,它只是我们需要模拟的光波传播几何结构的一部分。通常,只有 N 是自由参数,对于比较大的 Δz,约束要求比较大的 N。需要的 N 有时不能太大,如 $N>4096$。主要问题通常出在约束 4,它仅与传播方法有关,而与固定的传播结构无关。如果约束 4 是满足的,在缩短 Δz 并保持 N、δ_1、δ_2 和 λ 不变的情况下,约束 4 仍然是满足的。因此,本章描述了一种部分传播与角频谱方法相乘来极大放宽约束 4 的方法。为了说明传播算法,首先 8.2 节描述了两个部分传播,然后推广到 8.3 节的 $n-1$ 个部分传播。

首先,上述过程看上去会产生一个较好的求解方法,但多个部分传播在数学上等价于单个全路径传播过程,额外的部分传播将会花费更长时间去执行算法。解决问题的关键难点是由混淆现象引起的交扰效应。式(6.32)给出的自由空间传递函数变量随 Δz 的增加而快速增加。因此,混淆现象也会缓慢地从网格边缘移动进入网格中心。部分传播方法能减弱网格边缘的场,进而压缩整个路径的混淆现象。这个方法允许增加仿真方法条件的适用范围,或者以执行更多传播过程为代价减少网格尺寸,大多数情况下,也同时减少了仿真的执行时间。

8.1 吸收边界

对网格边缘场的衰减过程具有吸收扩散到网格外能量的作用,操作上只是简单地将场乘以每个部分传播面的衰减因子,这和数据窗的概念相似,但必须注意不能改变网格中心区域的光。由于这个原因,衰减因子在网格中心的值非常接近于1,而在边缘非常接近于零。一般的数据窗口,如汉明和巴特兰窗函数,不适用于上述目的。而比较适用于衰减因子的实例为超高斯函数,定义为

$$g_{sg}(x,y) = \exp\left[-\left(\frac{r}{\sigma}\right)^n\right] \qquad n>2 \qquad (8.1)$$

图基(或者余弦圆锥)窗口函数,定义为

$$g_{ct}(x,y) = \begin{cases} 1 & (r \geq \alpha L/2) \\ \dfrac{1}{2}\left\{1+\cos\left[\pi\,\dfrac{r/L-\alpha N/2}{(1-\alpha)\,N/2}\right]\right\} & (\alpha N/2 \leq r/L \leq N/2) \end{cases} \qquad (8.2)$$

式中:$0 \leq \alpha \leq 1$ 为定义圆锥区域宽度的参数。较大 α 值表明在中心区域具有较宽的非衰减区域和在边缘具有较窄的渐弱区域。这些窗函数如图 8.1 所示。

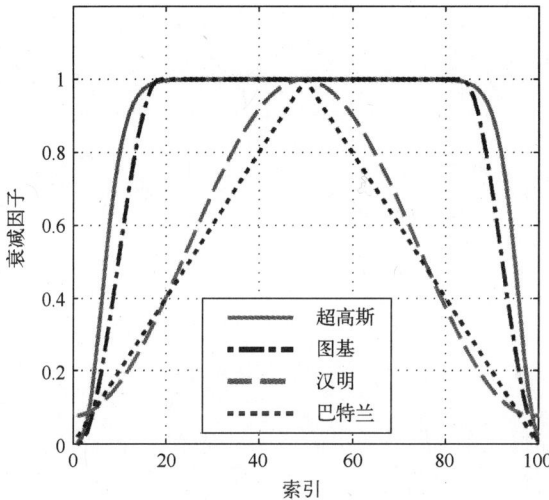

图 8.1 数据窗口的例子。超高斯函数和图基窗函数适用于光学仿真,而汉明和巴特兰窗函数不适合。其中超高斯函数 $\sigma = 0.451L$ 和 $n = 16$,而 Tukey 图函数 $\sigma = 0.65$

文献中多次使用吸收边界条件,例如,弗拉特等用 $n=8$ 的超高斯光束在大气湍流传播研究中模拟平面波[33]。后来,Rubio 采用同样类型的超高斯函数作为整个传播路径的吸收边界条件,用于控制从发散球面波发出的能量。Frehlich 将 Tukey 窗函数用于产生大气相位屏的研究[56]。

作为吸收边界条件不常用的额外实例,马丁和弗拉特在大气湍流传播模拟中使用了高斯消光系数的窗函数[44]。为了达到这样的目的,实例中他们在随机大气相位屏中加入了一个已知的虚部,从而在网格边缘使对数振幅与高斯因子相乘。

设网格中心的消光系数为零使得中心场区域不被衰减。

8.2 两部分传播

在这一小节,将两次简单执行角谱法传播。第一次传播从源平面到"中间"平面(源和观察平面之间的某处,没有必要在正中间),第二次传播从中间平面到观察平面。吸收边界条件应用于第一次传播后的中间平面。两部分传播的几何布局如图8.2所示,表8.1定义了本小节的符号。

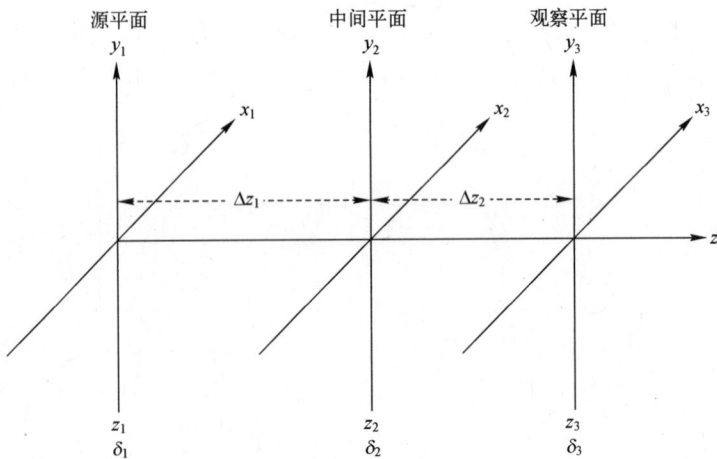

图 8.2 两部分传播的坐标系统

在准备模拟方程之前,需要确定表8.1中符号的一些数学关系。图8.3给出了网格间隔的几何结构。在图中,A 和 B 是源平面的网格点,距离为 δ_1,与表8.1定义一致;点 C 和 D 为中间平面的格点,按照表8.1,点 C 和 D 距离 δ_2。最后,E 和 F 是观察平面的网格点,距离 δ_3。$\triangle BDH$ 和 $\triangle BFG$ 共用一个顶点,互为相似三角形。因此,三角形 $\triangle BDH$ 和 $\triangle BFG$ 的边长关系式为

$$\frac{\overline{DH}}{\overline{BH}}=\frac{\overline{FG}}{\overline{BG}} \tag{8.3}$$

边长 $\overline{FG}$ 等于 $(\delta_3 - \delta_1)/2$,边长 $\overline{DH}$ 等于 $(\delta_2 - \delta_1)/2$,边长 $\overline{BH}$ 等于 Δz_1,边长 $\overline{BG}$ 等于 $\Delta z = \Delta z_1 + \Delta z_2$。通过上述条件,式(8.3)变为

$$\frac{\delta_2-\delta_1}{2\Delta z_1}=\frac{\delta_3-\delta_1}{2\Delta z} \tag{8.4}$$

$$\delta_2\Delta z-\delta_1\Delta z=\delta_3\Delta z_1-\delta_1\Delta z_1 \tag{8.5}$$

122

$$\delta_2 = \delta_1 + \frac{\delta_3 \Delta z_1 - \delta_1 \Delta z_1}{\Delta z} \tag{8.6}$$

$$\delta_2 = \delta_1 + \alpha\delta_3 - \alpha\delta_1 \tag{8.7}$$

$$\delta_2 = (1-\alpha)\delta_1 + \alpha\delta_3 \tag{8.8}$$

表 8.1　执行两部分传播的符号定义

符　号	意　义
$r_1 = (x_1, y_1)$	源平面坐标
$r_2 = (x_2, y_2)$	中间平面坐标
$r_3 = (x_3, y_3)$	观察平面坐标
δ_1	源平面的网格间隔
δ_2	中间平面的网格间隔
δ_3	观察平面的网格间隔
$f_1 = (f_{x1}, f_{y1})$	源平面的空间频率
$f_2 = (f_{x2}, f_{y2})$	中间平面的空间频率
δ_{f1}	源平面空间频率的网格间隔
δ_{f2}	中间平面空间频率的网格间隔
$z_1 = 0$	沿着光轴源平面的位置
z_2	沿着光轴中间平面的位置
z_3	沿着光轴观察平面的位置
Δz_1	源平面和中间平面之间的距离
Δz_2	中间平面和观察平面之间的距离
$\Delta z = \Delta z_1 + \Delta z_2$	源平面和观察平面之间的距离
$\alpha = \Delta z_1 / \Delta z$	第一传播的距离占比
m	从源平面到观察平面的比例因子
m_1	从源平面到中间平面的比例因子
m_2	从中间平面到观察平面的比例因子

　　通过传播参数之间的这些基本关系,可写出执行两个连续传播的方程。当传播距离 Δz_1 到中间平面,然后传播距离 Δz_2,观察平面场 $U(r_3)$ 为

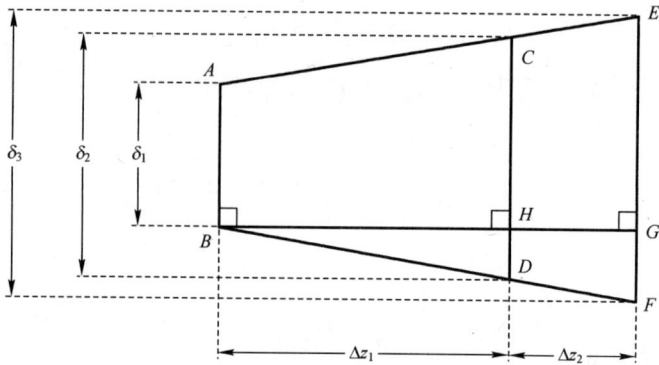

图 8.3　部分传播的网格间距

$$U(\boldsymbol{r}_3) = \mathcal{Q}\left[\frac{m_2-1}{m_2\Delta z_2}, \boldsymbol{r}_3\right] \mathcal{F}^{-1}\left[\boldsymbol{f}_2, \frac{\boldsymbol{r}_3}{m_2}\right]$$

$$\times \mathcal{Q}_2\left[-\frac{\Delta z_2}{m_2}, \boldsymbol{f}_2\right] \mathcal{F}[\boldsymbol{r}_2, \boldsymbol{f}_2] \, \mathcal{Q}\left[\frac{1-m_2}{\Delta z_2}, \boldsymbol{r}_2\right] \frac{1}{m_2}$$

$$\times \mathcal{A}[\boldsymbol{r}_2] \, \mathcal{Q}\left[\frac{m_1-1}{m_1\Delta z_2}, \boldsymbol{r}_2\right] \mathcal{F}^{-1}\left[\boldsymbol{f}_1, \frac{\boldsymbol{r}_2}{m_1}\right] \mathcal{Q}_2\left[-\frac{\Delta z_1}{m_1}, \boldsymbol{f}_1\right]$$

$$\times \mathcal{F}[\boldsymbol{r}_1, \boldsymbol{f}_1] \, \mathcal{Q}\left[\frac{1-m_1}{\Delta z_1}, \boldsymbol{r}_1\right] \frac{1}{m_1}\{U(\boldsymbol{r}_1)\} \qquad (8.9)$$

式中:$\mathcal{A}[\boldsymbol{r}_2]$ 为对应吸收边界的操作符,应用于平面 2 中的场(超高斯函数,Tukey 或者相似的窗函数),这个操作符的作用是将场乘以一个函数来减少网格边缘 近的场振幅。

二次相位因子和吸收边界可以互相交换位置,因为它们仅仅是乘法因子,这允许合 并两个中间平面的二次相位因子,因此减少一步计算而提高一点计算效率。乘积为

$$\mathcal{Q}\left[\frac{1-m_2}{\Delta z_2}, \boldsymbol{r}_2\right] \mathcal{Q}\left[\frac{m_1-1}{m_1\Delta z_1}, \boldsymbol{r}_2\right]$$

找出 $(1-m_2)/\Delta z_2$ 和 $(m_1-1)/(m_1-\Delta z_1)$ 之间的关系,上式可以得到简化。重 新回到式(8.5),并将因子 m_1 和 m_2 代入方程:

$$\delta_2\Delta z - \delta_1\Delta z = \delta_3\Delta z_1 - \delta_1\Delta z_1 \qquad (8.10)$$

$$\delta_2\Delta z_1 + \delta_2\Delta z_2 - \delta_1\Delta z_1 - \delta_1\Delta z_2 = \delta_3\Delta z_1 - \delta_1\Delta z_1 \qquad (8.11)$$

$$\delta_3\Delta z_1 - \delta_2\Delta z_1 = \delta_2\Delta z_2 - \delta_1\Delta z_2 \qquad (8.12)$$

$$\frac{\delta_3-\delta_2}{\Delta z_2} = \frac{\delta_2-\delta_1}{\Delta z_1} \qquad (8.13)$$

$$\frac{\delta_3-\delta_2}{\delta_2\Delta z_2} = \frac{\delta_2-\delta_1}{\delta_2\Delta z_1} \qquad (8.14)$$

124

$$\frac{m_2 - \delta_2}{\Delta z_2} = \frac{m_1 - 1}{m_1 \Delta z_1} \qquad (8.15)$$

因此,二次相位因子变为

$$\mathcal{Q}\left[\frac{1 - m_2}{\Delta z_2}, r_2\right] \mathcal{Q}\left[\frac{m_1 - 1}{m_1 \Delta z_1}, r_2\right] = \mathcal{Q}\left[\frac{m_1 - 1}{m_1 \Delta z_1}, r_2\right] \mathcal{Q}\left[\frac{m_1 - 1}{m_1 \Delta z_1}, r_2\right] = 1$$

简化后,式(8.9)变为

$$U(r_3) = \mathcal{Q}\left[\frac{m_2 - 1}{m_2 \Delta z_2}, r_3\right] \mathcal{F}^{-1}\left[f_2, \frac{r_3}{m_2}\right] \mathcal{Q}_2\left[-\frac{\Delta z_2}{m_2}, f_2\right] \mathcal{F}[r_2, f_2] \frac{1}{m_2}$$

$$\times \mathcal{A}[r_2] \mathcal{F}^{-1}\left[f_1, \frac{r_2}{m_1}\right] \mathcal{Q}_2\left[-\frac{\Delta z_1}{m_1}, f_1\right] \mathcal{F}[r_1, f_1] \mathcal{Q}\left[\frac{1 - m_1}{\Delta z_1}, r_1\right] \frac{1}{m_1} \{U(r_1)\}$$

$$(8.16)$$

这一特定结果不会在任何仿真中执行,但有助于建立一种利用任意数目部分传播的模板。

8.3　任意数目的部分传播

为了从上节得到有用的结果,必须把二步的部分传播推广到任意数目的部分传播。首先,给出更通用的传播列表和仿真参数,表8.2列出了与 n 平面和 $n-1$ 部分传播有关的参数。作为实例,表8.3给出了第一部分传播的参数,表8.4给出了第二部传播的参数。

表 8.2　执行任意数目部分传播的符号定义

数　　量	描　　述
n	平面数
$n-1$	传播数
对于 i^{th} 传播	
$\Delta z_i = z_{i+1} - z_i$	从平面 i 到平面 $i+1$ 的距离
$\alpha_i = z_i / \Delta z$	从平面 1 到平面 $i+1$ 的距离占比
$m_i = \delta_{i+1} / \delta_i$	从平面 i 到平面 $i+1$ 的比例因子
源平面具有	
$r_i = (x_i, y_i)$	坐标
$\delta_i = (1 - \alpha_i)\delta_1 + \alpha_i \delta_n$	在 i^{th} 平面中的网格间距
$f_i = (f_{xi}, f_{yi})$	空间频率坐标
$\delta_{fi} = 1/(N\delta_i)$	空间频率域的网格间隔
观察平面具有	
$r_{i+1} = (x_{i+1}, y_{i+1})$	坐标
$\delta_{i+1} = (1 - \alpha_{i+1})\delta_1 + \alpha_{i+1}\delta_n$	网格间距

表 8.3　执行第一次任意数目部分传播的符号

符　　号	意　　义
对于第一次传播	
$\Delta z_1 = z_2 - z_1$	从平面 1 到平面 2 的传播距离
$\alpha_1 = z_1 / \Delta z = 0$	从平面 1 到平面 1 距离占比
$\alpha_2 = z_2 / \Delta z$	从平面 1 到平面 2 距离占比
$m_1 = \delta_2 / \delta_1$	从平面 1 到平面 2 的比例因子
源具有	
$r_1 = (x_1, y_1)$	坐标
δ_1	第一平面中的网格间距
$f_1 = (f_{x1}, f_{y1})$	空间频率坐标
δ_{f1}	空间频率区域中的网格间隔
观察平面具有	
$r_2 = (x_2, y_2)$	坐标
δ_2	网格间距

表 8.4　执行第二次任意数目部分传播的符号

符　　号	意　　义
对于第二次传播	
$\Delta z_2 = z_3 - z_2$	从平面 2 到平面 3 的传播距离
$\alpha_2 = z_2 / \Delta z = 0$	从平面 1 到平面 2 距离占比
$\alpha_3 = z_3 / \Delta z$	从平面 1 到平面 3 距离占比
$m_2 = \delta_3 / \delta_2$	从平面 2 到平面 3 的比例因子
源具有	
$\boldsymbol{r}_2 = (x_2, y_2)$	坐标
δ_2	第二平面的网格间距
$\boldsymbol{f}_2 = (f_{x2}, f_{y2})$	空间频率坐标
δ_{f2}	空间频率区域中的网格间隔
观察平面具有	
$\boldsymbol{r}_3 = (x_3, y_3)$	坐标
δ_3	网格间距

重新排序(可能的情况下)并组合式(8.16)中的因子,得

$$U(\boldsymbol{r}_3) = \mathcal{Q}\left[\frac{m_2-1}{m_2\Delta z_2}, \boldsymbol{r}_3\right]\left\{\mathcal{F}^{-1}\left[\boldsymbol{f}_2, \frac{\boldsymbol{r}_3}{m_2}\right]\mathcal{Q}_2\left[-\frac{\Delta z_2}{m_2}, \boldsymbol{f}_2\right]\mathcal{F}\left[\boldsymbol{r}_2, \boldsymbol{f}_2\right]\frac{1}{m_2}\right\}$$

$$\times\left\{\mathcal{A}\left[\boldsymbol{r}_2\right]\mathcal{F}^{-1}\left[\boldsymbol{f}_1, \frac{\boldsymbol{r}_2}{m_1}\right]\mathcal{Q}_2\left[-\frac{\Delta z_1}{m_1}, \boldsymbol{f}_1\right]\mathcal{F}\left[\boldsymbol{r}_1, \boldsymbol{f}_1\right]\frac{1}{m_1}\right\}$$

$$\times\left\{\mathcal{Q}\left[\frac{1-m_1}{\Delta z_1}, \boldsymbol{r}_1\right]\left\{U(\boldsymbol{r}_1)\right\}\right\} \tag{8.17}$$

现在可以清楚地看到单个部分传播重复了哪些操作,所以可以直接推广到 $n-1$ 部分传播:

$$U(\boldsymbol{r}_n) = \mathcal{Q}\left[\frac{m_{n-1}-1}{m_{n-1}\Delta z_{n-1}}, \boldsymbol{r}_n\right]$$

$$\times\prod_{i=1}^{n-1}\left\{\mathcal{A}\left[\boldsymbol{r}_{i+1}\right]\mathcal{F}^{-1}\left[\boldsymbol{f}_i, \frac{\boldsymbol{r}_{i+1}}{m_i}\right]\mathcal{Q}_2\left[-\frac{\Delta z_i}{m_i}, \boldsymbol{f}_i\right]\mathcal{F}\left[\boldsymbol{r}_i, \boldsymbol{f}_i\right]\frac{1}{m_i}\right\}$$

$$\times\left\{\mathcal{Q}\left[\frac{1-m_1}{\Delta z_1}, \boldsymbol{r}_1\right]\left\{U(\boldsymbol{r}_1)\right\}\right\} \tag{8.18}$$

程序 8.1 给出了在 MATLAB 软件中运算菲涅耳积分的代码,通过角频谱方法计算任意数目的部分传播。在程序中,输入为

Uin: $U(\boldsymbol{r}_1)$,源平面的光场$\left[(\mathrm{W/m}^2)^{1/2}\right]$;

Wvl: λ,光波长(m);

delta1: δ_1,源平面的网格间隔(m);

delta*n*: δ_n,观察平面的网格间隔(m);

z: 由 z_i 组成的矩阵,$i=2,3,\cdots,n$ (m)。

输出为

xn: 观察平面的 x 坐标(m);

yn: 观察平面的 y 坐标(m);

Uout: $U(\boldsymbol{r}_n)$,在观察平面的光场值$\left[(\mathrm{W/m}^2)^{1/2}\right]$。

在下一节讨论采样后,将用一个仿真实例来说明这个方法的准确性。

程序 8.1 通过角谱方法采用任意数目部分传播的求解菲涅耳积分的程序代码

```
1    function [xn yn Uout] = ang_spec_multi_prop_vac…
2       (Uin, wvl, delta1, deltan, z)
3    % function [xn yn Uout] = ang_spec_multi_prop_vac…
4    %    (Uin, wvl, delta1, deltan, z)
5
6       N = size(Uin, 1);   % number of grid points
7       [nx ny] = meshgrid((-N/2:1:N/2-1));
```

127

```
8       k = 2 * pi/wvl;       % optical wavevector
9       % super-Gaussian absorbing boundary
10      nsq = nx. ^2+ny. ^2;
11      w = 0. 47 * N;
12      sg = exp( -nsq. ^8/w^16);   clear( 'nsq', 'w');
13
14      z = [0 z];   %propagation plane   locations
15      n = length(z);
16      %propagation distances
17      Delta_z = z(2:n)-z(1:n-1);
18      % grid spacings
19      alpha = z /z(n);
20      delta = (1-alpha) * delta1_alpha * deltan;
21      m = delta(2:n) ./delta(1:n-1);
22      x1 = nx * delta(1);
23      y1 = ny * delta(1);
24      rlsq = x1. ^2+y1. ^2;
25
26      Q1 = exp(i * k/2 * (1-m(1))/Delta_z(1) * rlsq);
27      Uin = Uin. * Q1;
28      for idx = 1:n-1
29          % spatial frequencies ( of i^th plane)
30          deltaf = 1/( N * delta(idx));
31          fX = nx * deltaf;
32          fY = ny * deltaf;
33          fsq = fX. ^2+fY. ^2;
34          Z = Delta_z( idx );   % propagation distance
35          % quadratic phase factor
36          Q2 = exp (-i * pi^2 * 2 * Z/m(idx) /k * fsq);
37          %   compute the propagated field
38          Uin = sg . * ift2( Q2...
39              . * ft2( Uin /m( idx ), delta( idx )), deltaf);
40      end
41      %   observation-plane coordinates
42      xn = nx * delta(n);
43      yn = ny * delta(n);
```

```
44      rnsq = xn. ^2+yn. ^2;
45      Q3 = exp(i * k/2 * m(n-1)-1)/(m(n-1) * Z) * rnsq) ;
46      Uout = Q3. * Uin;
```

8.4 多重部分传播的采样

对于任意数量平面和重复部分传播算法,必须重新检查采样约束条件。第 7 章详细讨论了完整传播的正确采样方法,选择网格间隔和网格点数必须满足一系列 4 个不等式组。前面两个不等式基于传播几何路径,而不是传播方法,因此采用多个部分传播时,这两个不等式是不变的。然而,最后两个不等式防止 2 个二次相位因子的混淆现象,与网格间距和传播距离有关。网格间距和传播距离对于每一部分传播都会发生改变,因此需要修正所用的方法。

采样限制条件 3 用于避免角频谱方法 FT 算法中二次相位因子的混淆现象。这里采用相同的概念,再一次假设半径为 R 的球面波前,源场和二次相位因子的联合相位为

$$\varphi = \frac{k}{2}\left(\frac{1-m_1}{\Delta z_1}+\frac{1}{R}\right)\,|\,\boldsymbol{r}_1\,|^2 \tag{8.19}$$

由于与 Δz_1 有关,约束条件看起来比较混乱,只有完成采样分析才能确定! 如式 (7.48) ~ 式(7.53),约束发展为

$$\left(1+\frac{\Delta z_1}{R}\right)\delta_1\,\frac{\lambda \Delta z_1}{D_1}\leqslant\delta_2\leqslant\left(1+\frac{\Delta z_1}{R}\right)\delta_1+\frac{\lambda \Delta z_1}{D_1} \tag{8.20}$$

现在,取代 δ_1 和 Δz_1,得

$$\left(1+\frac{\alpha_2\Delta z}{R}\right)\delta_1-\frac{\lambda\alpha_2\Delta z}{D_1}\leqslant(1-\alpha_2)\,\delta_1+\alpha_2\delta_n\leqslant\left(1+\frac{\alpha_2\Delta z}{R}\right)\delta_1+\frac{\lambda\alpha_2\Delta z}{D_1} \tag{8.21}$$

上式经过简化,得

$$\left(1+\frac{\Delta z}{R}\right)\delta_1-\frac{\lambda\Delta z}{D_1}\leqslant\delta_n\leqslant\left(1+\frac{\Delta z}{R}\right)\delta_1+\frac{\lambda\Delta z}{D_1} \tag{8.22}$$

式(8.22)和式(7.53)是相同的,与部分传播平面的相关变量无关,如 δ_1 和 Δz_1! 单部分传播的坐标系统如图 8.4 所示。

现在,限制条件 4 就是唯一需要改变的,必须找到限制条件 4 和 n 的关系。采用上述相似的方法,显然 n 个部分传播放宽了这一限制条件。对于第 i 个部分传播,限制条件 4 为

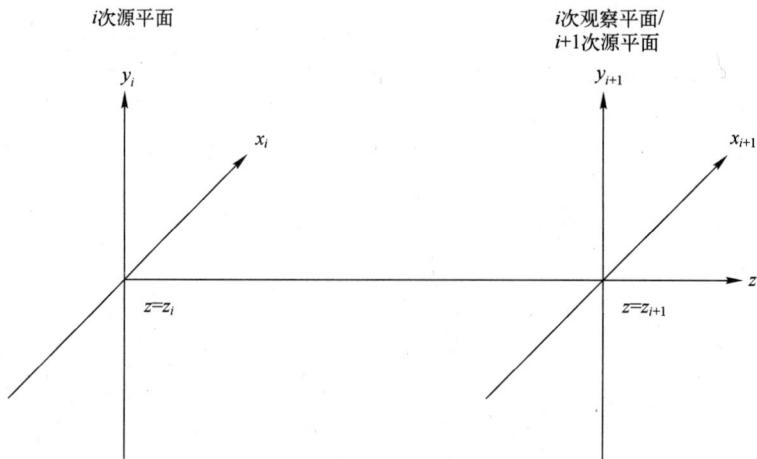

图 8.4 单部分传播的坐标系统

$$N \geqslant \frac{\lambda \Delta z_i}{\delta_i \delta_{i+1}} \tag{8.23}$$

这将产生一个非常复杂的参数空间。为了简化,可以用 δ_1 和 δ_n 来表示所有的 δ_i。然而,仅能用 δ_i 代替 α_i,α_i 又与 Δz_i 有关。没有办法减少约束 4 的参数空间维度。与其试着满足所有式(8.23)对于 n 的约束,倒不如只满足不等式右边最大值的情况。然而,那就需要预先知道所有的 Δz_i 和 δ_i,这是我们目前试着去确定的!

明显需要一个新的方法。再一次写出不等式并重新组合

(1) $\delta_n \geqslant \dfrac{\lambda \Delta z - D_2 \delta_1}{D_1}$

(2) $N \geqslant \dfrac{D_1}{2\delta_1} + \dfrac{D_n}{2\delta_n} + \dfrac{\lambda \Delta z}{2\delta_1 \delta_n}$

(3) $\left(1 + \dfrac{\Delta z}{R}\right)\delta_1 - \dfrac{\lambda \Delta z}{D_1} \leqslant \delta_n \leqslant \left(1 + \dfrac{\Delta z}{R}\right)\delta_1 + \dfrac{\lambda \Delta z}{D_1}$

(4) $N \geqslant \dfrac{\lambda \Delta z_i}{2\delta_i \delta_{i+1}}$

通过检查不等式可以看到,可以用前 3 个不等式来选择 N、δ_1 和 δ_n 的值,再找出一种方法满足第 4 个限制条件。

这个方法与是否使用扩展或者压缩传播网格有关,无论 δ_1 还是 δ_n 都小于其他所有 δ_i。对于给定的 Δz_i 值,在 4 个不等式中选择较小的 δ_1 和 δ_n 来代替 δ_i 和 δ_{i+1},将得到 N 必须满足的单一限制条件。然而,前两个限制条已经选择了 N 值,而 Δz_i 的限制仍然未知,因此必须将不等式改写成 Δz_i 的限制条件,得

130

$$\Delta z_i \leqslant \frac{\min(\delta_i, \delta_n)^2 N}{\lambda} \qquad (8.24)$$

不等式右边是可用的最大可能部分传播距离 Δz_{max}。因此,必须采用至少 $n=$ ceil($\Delta z/\Delta z_{max}$)$+1$ 部分传播(式中 ceil 代表"ceiling"函数,产生大于或者等于其自变量的最小整数)。

最终根据这 4 个新的不等式,可以清晰地选择传播网格参数:

(1)根据前两个不等式选取 N、δ_1 和 δ_n。

(2)利用简单调整的 4 个不等式(式(8.24))来同时确定最大部分传播距离和部分传播的最小数量 $n-1$。

(3)总是可以使用更多的部分传播;较短的部分传播距离仍然满足 4 个不等式。

本章最后介绍一个利用多步部分传播在观察面关注区域实现精确结果的实例。这一实例中准备模拟一个从源平面方形孔径发射的均匀振幅平面波($R=\infty$),孔径边长 $D_1=2\text{mm}$,光波长 $\lambda=1\mu\text{m}$,传感器位于距离源平面 $\Delta z=2\text{m}$ 的观察平面上。图 8.5 所示为叠加了限制条件 1 曲线的限制条件 2 等高图。一定数量格点穿过源孔径和观察面关注区域是有利的,如这一实例至少选择 30 个网格点穿过 D_1 和 D_2,这个选择使得 $\delta_1 \leqslant 66.7\mu\text{m}$ 和 $\delta_n \leqslant 133\mu\text{m}$。根据等高图判断,至少需要 $N=27=128$ 个格点。根据采样分析得出结论,采用 $\delta_1=66.7\mu\text{m}$ 和 $\delta_n=133\mu\text{m}$ 和 $N=128$ 的限制条件 4,给出

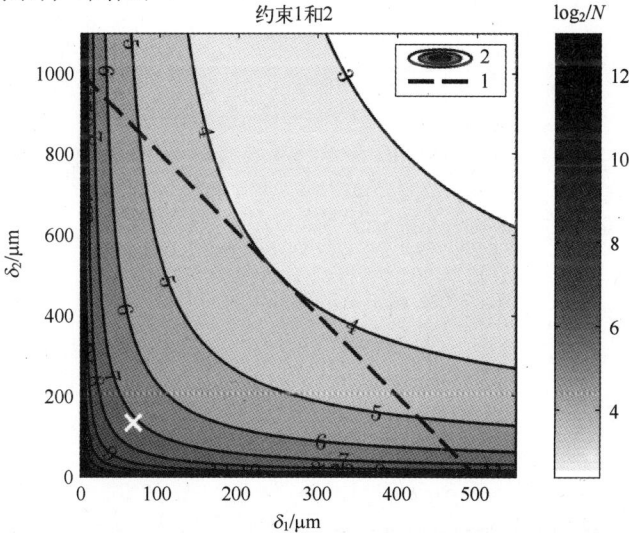

图 8.5 采样限制分析。白色 X 标记网格间隔,对应 30 个网格点穿过源和观察平面孔径

$$\Delta z_{max} = \frac{\min{(\delta_1, \delta_n)}^2 N}{\lambda} = \frac{(66.7\mu m)^2 \times 128}{1\mu m} = 0.567m \qquad (8.25)$$

然后,需要执行至少 $n = \text{ceil}(2m/0.567m) + 1 = 5$ 次部分传播。程序 8.2 给出了用于仿真这个传播实例的 MATLAB 代码。图 8.6 给出了观察平面关注区域内仿真的辐照度和相位。同前面一样,观察平面关注区域内的仿真结果和理论预期结果匹配得非常好。

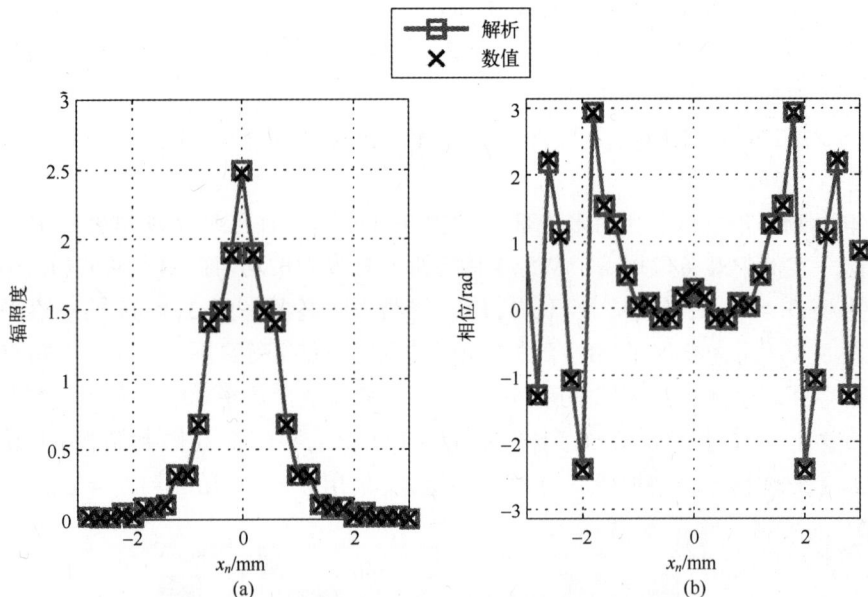

图 8.6　观察平面关注区域的仿真辐照度和相位

程序 8.2　利用多个部分传播角频谱方法对菲涅耳积分进行求值的 MATLAB 实例

```
1    % example_square _prop_ang_spec_multi. m
2
3    D1 = 2e-3 ;    % diameter of the source aperture [m]
4    D2 = 6e-3;      % diameter of the observation-plane aperture [m]
5    wvl = 1e-6;      % optical wavelength [m]
6    k = 2 * pi / wvl;    % optical wavenumber [rad/m]
7    z = 1;    % propagation distance [m]
8    delta1 = D1/30;    % source-plane grid spacing [m]
9    delta2 = D2/30;    % observation-plane grid spacing [m]
10   N = 128;    % number of grid points
```

```
11   n=5;        % number of partial propagations
12   % switch from total distance to individual distances
13   z=(1:n)*z/n;
14   % source-plane coordinates
15   [x1 y1]=meshgrid((-N/2:N/2-1)*delta1);
16   ap=rect(x1/D1).*rect(y1/D1);        % source aperture
17   [x2 y2 Uout]=...
18       ang_spec_multi_prop_vac(ap,wvl,delta1,deltan,z);
19
20   %   analytic result for y2=0 slice
21   Dz=z(end);    % switch back to total distance
22   Uout_an...
23       =fresnel_prop-square_ap(x2(N/2+1,:),0,D1,wvl,Dz);
```

8.5 习题

1. 考虑信号

$$g(x)=\exp(i\pi a^2 x^2) \tag{8.26}$$

式中:$a=4$;格点数 $N=128$;总网格尺寸 $L=4m$。

计算该信号的解析和离散 FT。然后,信号左乘 $n=16$、$\sigma=0.25L$ 的超高斯吸收边界函数,重新计算 DFT。

画出(有和没有吸收边界条件两种情况下)这两个 DFT 结果的虚部和实部,并与解析 FT 进行对比。

2. 完成式(8.20)和式(8.22)之间省略的推导步骤,证明约束条件 3 对于任意数目的部分传播都是一致的。

3. 给出波长 $1\mu m$ 的点源传播 100km 到达直径 2m 望远镜的采样曲线。与一步传播的情况相比,有哪些不同?

4. 模拟环形孔径发射的均匀振幅平面波传播到目标平面并聚焦在目标上的过程。设光波长为 $1.3\mu m$、环形孔径外圆半径为 1.5m,内圆半径为 0.5m。目标位于在观察平面上,距离源平面 100km。

(1)给出一个如图 8.5 所示的详细采样分析。确切描述决定使用部分传播个数的分析过程。

(2)完成仿真后,给出观察平面辐照度和相位 $y_n=0$ 截面的曲线。在同一图中同时包含解析和仿真结果。

第9章　通过大气湍流的传播

　　到目前为止,人们已经设计出传播算法,用于模拟通过真空和通过可用光线矩阵描述的简单光学系统的传播。分步光束传播方法存在其他若干种更复杂和有用的应用,包括部分时间和空间相干光源、通过确定结构(如光纤)和集成光学设备的相干传播、通过随机介质(如大气湍流)的传播等。本章主要关注通过大气湍流的相干传播,结果表明所用方法与真空传播存在密切联系。

　　地球大气是折射率接近 1 的介质,这使得本章只对第 8 章的真空传播技术进行微小的修改就能够仿真大气的光波传播。然而,大气折射率在时间和空间上都会发生随机变化,这种效应导致光波在传播过程中发生随机的畸变,因此与大气光波传播有关的光学系统必须克服极大的困难。例如,天文学家几个世纪前就已经发现大气湍流限制了望远镜的分辨率,这也是观测站通常建在山顶上的原因,这样的位置能把光束传播通过的湍流路径距离降到最低。

　　为了模拟大气传播,首先需要开发仿真算法,然后讨论大气湍流和对大气湍流折射率性质进行建模的方法,最后,讨论如何建立大气仿真,如何根据大气的各种效应进行正确采样,并证明输出结果和解析理论一致。

9.1　分步光束传播方法

　　目前,人们已经通过分步光束传播方法实现了非真空介质的传播模拟[40,57-59]。这个方法对于多种材料的仿真传播都是非常有效的,如非均匀材料、各向异性材料和非线性材料。本章的讨论仅限于线性的、各向同性的、具有非均匀折射率 $n(n=n(x,y,z))$ 的大气。当 $\delta_n = n-1$ 较小时,可以证明第 $i+1$ 个平面的光场为[59]

$$U(r_{i+1}) \approx \mathcal{R}\left[\frac{\Delta z_i}{2}, r_i, \tilde{r}_{i+1}\right] \mathcal{T}[z_i, z_{i+1}] \mathcal{R}\left[\frac{\Delta z_i}{2}, r_i, \tilde{r}_{i+1}\right] \{U(r_i)\} \qquad (9.1)$$

式中,$\mathcal{T}[z_i, z_i+1]$ 为表征相位累积的操作符;$\tilde{r}_{i+1}$ 为第 i 个和第 $i+1$ 个平面中间平面的坐标。操作符 $\mathcal{T}$ 由下式给出:

$$\mathcal{T}[\Delta z_i, \Delta z_{i+1}] = \exp[-i\phi(r_{i+1})] \qquad (9.2)$$

式中:累积相位为 $\phi(\boldsymbol{r}_i) = k \int_{z_i}^{z_{i+1}} \delta n(\boldsymbol{r}_i)\mathrm{d}z$。式(9.1)表明通过介质的传播可以分解为两个效应:衍射和折射,操作符 $\mathcal{R}$ 表征自由空间衍射,而操作符 $\mathcal{T}$ 表征折射。这个方法普遍用于模拟通过大气湍流的传播,事实上也用于模拟通过光学实验室湍流的传播[60,61]。这一方法是光和材料相互作用的部分真空传播的替代步骤[32,43,44]。

具体写出算法的过程中,对式(8.18)的真空传播算法进行了微小改变,即

$$U(\boldsymbol{r}_n) = \mathcal{Q}\left[\frac{m_{n-1}-1}{m_{n-1}\Delta z_{n-1}},\boldsymbol{r}_n\right] \times \prod_{i=1}^{n-1}\left\{\mathcal{T}[z_i,z_{i+1}]\mathcal{F}^{-1}\left[f_i,\frac{\boldsymbol{r}_{i+1}}{m_i}\right]\mathcal{Q}_2\left[-\frac{\Delta z_i}{m_i}f_i\right]\mathcal{F}[\boldsymbol{r}_i,f_i]\frac{1}{m_i}\right\}$$

$$\times \left\{\mathcal{Q}\left[\frac{1-m_1}{\Delta z_1},\boldsymbol{r}_1\right]\mathcal{T}[z_i,z_{i+1}]U(\boldsymbol{r}_1)\right\} \tag{9.3}$$

式中:存在 $n-1$ 个传播和 n 个相互作用的平面。

程序9.1给出了这一算法的 MATLAB 代码,即 ang_spec_multi_prop 函数。应该注意,如果每一步 $\mathcal{T}=1$,则这一算法可以用于真空传播。9.5.4节给出了 ang_spec_multi_prop 函数的使用实例,在这之前需要讨论湍流和如何产生算符 $\mathcal{T}$ 的表达式。

程序9.1　利用角谱方法通过弱折射率介质,采用 MATLAB 程序代码来实现菲涅耳衍射积分

```
1    function [xn yn Uout] = ang_spec_multi_prop...
2            (Uin,wvl,delta1,deltan,z,t)
3    % function [xn yn Uout] = ang_spec_multi_prop...
4    %         (Uin,wvl,delta1,deltan,z,t)
5
6    N = size(Uin,1);   % number of grid points
7    [nx ny] = meshgrid((-N/2:1:N/2-1));
8    k = 2 * pi/wvl;      % optical wavevector
9    % super-Gaussian absorbing boundary
10   nsq = nx.^2+ny.^2;
11   w = 0.47 * N;
12   sg = exp(-nsq.^8/w^16);   clear('nsq','w');
13
14   z = [0 z];   %propagation plane   locations
15   n = length(z);
16   % propagation distances
```

```
17      Delta_z=z(2:n)-z(1:n-1);
18      % grid spacings
19      alpha=z/z(n);
20      delta=(1-alpha)* delta1_alpha*deltan;
21      m=delta(2:n)./delta(1:n-1);
22      x1=nx*delta(1);
23      y1=ny*delta(1);
24      rlsq=x1.^2+y1.^2;
25      Q1=exp(i*k/2*(1-m(1))/Delta_z(1)*rlsq);
26      Uin=Uin.*Q1.*t(:,:,1);
27      for idx=1:n-1
28          % spatial frequencies (of i^th plane)
29          deltaf=1/(N*delta(idx));
30          fX=nx*deltaf;
31          fY=ny*deltaf;
32          fsq=fX.^2+fY.^2;
33          Z=Delta_z(idx);    % propagation distance
34          % quadratic phase factor
35          Q2=exp(-i*pi^2*2*Z/m(idx)/k*fsq);
36          %   compute the propagated field
37          Uin=sg.*t(:,:,idx+1)...
38                  .*ift2(Q2...
39              .*ft2(Uin/m(idx),delta(idx)),deltaf);
40      end
41      %   observation-plane coordinates
42      xn=nx* delta(n);
43      yn=ny* delta(n);
44      rnsq=xn.^2+yn.^2;
45      Q3=exp(i*k/2*m(n-1)-1)/(m(n-1)*Z)*rnsq);
46      Uout=Q3.*Uin;
```

9.2 大气湍流的折射率性质

本节给出了大气湍流的基础理论,首先,介绍了柯尔莫哥洛夫对湍流的初始分析,这一理论最终产生了折射率变化的统计模型[62]。然后,利用微扰理论求解麦克斯韦方程组,得到了观察面光场有用的统计属性。大气性质(如 log 振幅、相位和辐照度等)的方差、相位和光谱密度发挥两个与模拟相关的作用:第一个作用是产生分步光束传播方法相互作用因子的随机图像,这一步工作在 9.3 节完成;第二个作用是,在仿真湍流介质传播之后,处理观察平面场来确定大气的统计性质,并与 9.5.5 节的理论结果进行比较,通过这一过程证明仿真结果的准确性。

9.2.1　柯尔莫哥洛夫湍流理论

　　地球大气湍流主要是由温度随机变化和大气对流运动引起的,将在空间和时间上改变空气折射率。通过大气传播,光波由于折射率的波动而产生相位畸变。这种光的相位畸变劣化了天空目标的观察图像,这一问题困扰了天文学家几个世纪。为了克服这种畸变,天文学家需要了解准确的湍流物理模型及其对光波传播的影响。由于湍流影响所有与远距离大气路径传播有关的光学系统,如激光通信系统和激光武器系统等,光学物理学家和通信工程师近些年来也开始对这个问题进行了深入的研究。

　　在过去几个世纪,对光学传播的湍流效应进行建模引起了极大的关注,因此出现了大量不同的理论和相关的验证实验。对于统计模型的关注导致了若干种有效理论的产生。由于闭环解需要考虑太多随机行为和变化,不可能在所有位置和所有时间都准确地描述折射率,因此这些理论都必须采用统计分析。最广泛接受的湍流理论由柯尔莫哥洛夫最先提出,其计算结果和观察到的现象匹配得非常好[62]。随后,奥布霍夫[63]和 Corrsin[64]分别独立将柯尔莫哥洛夫模型应用于温度波动。后来,湍流温度波动理论可以与折射率波动直接相关,这一模型是所有现代湍流理论的基础[65]。

　　日照和昼夜交替对地球的差温加热和冷却效应会引起空气温度的大范围变化,这个过程最终形成了风。随着空气运动,风从层流变为湍流。层流的速度特性是均匀的,或者至少是以规则的形式改变。在湍流中,不同温度的空气相互混合,因此速度场不再是均匀的,变成了许多随机分布的空气包,称为湍流旋涡,这些旋涡具有变化的特征尺寸和温度。由于空气密度和随之变化的折射率与温度有关,因此大气具有随机的折射率分布。

　　湍流是由纳维-斯托克斯方程控制的非线性过程。由于利用纳维-斯托克斯方程求解完全展开的湍流存在许多困难,柯尔莫哥洛夫开发了一套统计理论,即假设在湍流中,大漩涡的动能会转移到更小的漩涡。最大漩涡的平均尺寸 L_0 称为外部尺寸。接近地面的 L_0 与地面高度是同一数量级的,而远高于地面的 L_0 可能只有几十到几百米[66]。最小湍流漩涡的平均尺寸 l_0 称为内部尺寸。在非常小的尺度上,如小于内部尺寸,能量将被摩擦消耗而无法保持。内部尺度 l_0 在接近地面时约为几毫米,而远高于地面时约为几厘米。内部和外部尺度之间的漩涡尺寸范围称为惯性子区域。

在柯尔莫哥洛夫的分析中,假设在惯性子区域的漩涡都是统计均匀的,并且在小空间范围内是各向同性的,这意味着像速度和折射率这样的性质具有稳态增量,这是采用结构函数而不采用更常用的协方差的原因。柯尔莫哥洛夫利用量纲分析确定湍流漩涡的平均速度 v 必须与漩涡尺寸大小 r 相关,即[62]

$$v \propto r^{1/3} \tag{9.4}$$

然后,由于速度的结构函数是速度的平方,结构函数 $D_v(r)$ 必须满足如下形式

$$D_v(r) = C_v^2 r^{2/3} \tag{9.5}$$

式中:C_v 为速度结构参数。对于非常小范围内出现的层流,物理关系稍有不同,由此速度结构函数满足如下形式:

$$D_v(r) = C_v^2 l_0^{-4/3} r^2 \tag{9.6}$$

对于最大尺度的湍流,湍流是高度各向异性的。如果速度场为均匀的和各向同性,结构函数将渐近地达到速度方差的两倍。

这一速度框架形成了对位温 θ 的相似分析(位温与普通温度 T 线性相关),结果为 $\theta \propto r^{1/3}$,因此位温结构函数 $D_\theta(r)$ 满足与速度结构函数同样的关系式,得[63,64]

$$D_\theta(r) = \begin{cases} C_\theta^2 l_0^{-4/3} r^2 & (0 \leqslant r \leqslant l_0) \\ C_\theta^2 r^{2/3} & (l_0 \leqslant r \leqslant L_0) \end{cases} \tag{9.7}$$

式中:C_θ^2 为 θ 的结构参数。

进一步的考虑产生了折射率统计模型。现在,空间上 r 点的折射率可以写为

$$n(\boldsymbol{r}) = \mu_n(\boldsymbol{r}) + n_1(\boldsymbol{r}) \tag{9.8}$$

式中:$\mu_n(\boldsymbol{r}) \approx 1$ 为折射率的慢变平均值;$n_1(\boldsymbol{r})$ 为折射率平均值的变分。

这一公式产生了一个平均值为 0 的随机变量 $n_1(\boldsymbol{r})$,这将简化下面的统计分析。在光学波段,空气折射率近似为

$$n(\boldsymbol{r}) = 1 + 77.6 \times 10^{-6} \times (1 + 7.52 \times 10^{-3} \lambda^{-2}) \frac{P(\boldsymbol{r})}{T(\boldsymbol{r})} \tag{9.9}$$

$$\approx 1 + 7.99 \times 10^{-5} \frac{P(\boldsymbol{r})}{T(\boldsymbol{r})} \quad (\lambda = 0.5 \mu m) \tag{9.10}$$

式中:λ 为光学波长(μm);P 为压强(mbar)①;T 为温度(K)。

折射率的变分为

$$dn = 7.99 \times 10^{-5} \left(dP - \frac{-dT}{T^2} \right) \tag{9.11}$$

---

① 1bar = 10^5 pa。

138

在这一模型中,假设每个漩涡都具有相对均匀的压强。而且,读者应该记得位温 θ 和普通温度 T 线性相关,因此,折射率的变分为

$$dn = 7.99 \times 10^{-5} \frac{d\theta}{T^2} \tag{9.12}$$

由于折射率的变分直接正比于位温的变分,折射率结构函数 $D_n(r)$ 与 $D_\theta(r)$ 满足同样的指数规律,得

$$D_n(r) = \begin{cases} C_n^2 l_0^{-4/3} r^2 \ (0 \leqslant r \ll l_0) \\ C_n^2 r^{2/3} \ (l_0 \leqslant r \ll L_0) \end{cases} \tag{9.13}$$

式中:C_n^2 为折射率结构参数($\mathrm{m}^{-2/3}$),和温度结构常数的关系为

$$C_n^2 = \left[77.6 \times 10^{-6} (1 + 7.52 \times 10^{-3} \lambda^{-2}) \frac{P}{T^2} \right]^2 C_T^2 \tag{9.14}$$

C_n^2 的典型值为 $10^{-17} \sim 10^{-13} \mathrm{m}^{-2/3}$,较小值出现在高空,较大值出现在地面附近。

经常有必要采用光谱来描述折射率波动,功率谱密度 $\Phi_n(\kappa)$ 可以容易地由式 (9.13) 计算得到,反之亦然[15]。例如,柯尔莫哥洛夫折射率功率谱密度可以通过下式进行计算:

$$\Phi_n^K(\kappa) = \frac{1}{4\pi^2 \kappa^2} \int_0^\infty \frac{\sin(\kappa r)}{\kappa r} \frac{d}{dr} \left[r^2 \frac{d}{dr} D_n(r) \right] dr \tag{9.15}$$

$$= 0.033 C_n^2 \kappa^{-11/3} \left(\frac{1}{L_0} \ll \kappa \ll \frac{1}{l_0} \right) \tag{9.16}$$

式中:$\kappa = 2\pi(f_x \hat{\boldsymbol{i}} + f_y \hat{\boldsymbol{j}})$ 是以 rad/m 为单位的角空间频率。读者应该注意到式 (9.15) 仅仅对局部均匀和各向同性的随机场是成立的。

折射率功率谱密度也存在其他一些模型,如 Tatarskii、冯·卡曼、改进的冯·卡曼和希尔功率谱,这几种模型都比较常用并且更加成熟,通过引入不同的内部尺度和外部尺度因子来提高理论和实验测量的一致性。图 9.1 所示为这些功率谱图,其中两个最简单的实用模型为下式给出的冯·卡曼 PSD 模型:

$$\Phi_n^{vK}(\kappa) = \frac{0.033 C_n^2}{(\kappa^2 + \kappa_0^2)^{11/6}} (0 \ll \kappa \ll 1/l_0) \tag{9.17}$$

和改进的冯·卡曼 PSD 模型

$$\Phi_n^{mvK}(\kappa) = 0.033 C_n^2 \frac{\exp(-\kappa^2/\kappa_m^2)}{(\kappa^2 + \kappa_0^2)^{11/6}} (0 \ll \kappa \ll \infty) \tag{9.18}$$

式中:$\kappa_m = 5.92/l_0$;$\kappa_0 = 2\pi/L_0$。

通过选择 κ_m 和 κ_0 的值使得量纲分析预测的小尺度(高频)和大尺度(低频)行为相匹配。改进的冯·卡曼是最简单的包括了内部和外部尺度效应的 PSD 模

139

型[15]。注意,若 $l_0 = 0$ 和 $L_0 = \infty$,则式(9.18)就会还原为式(9.16)。

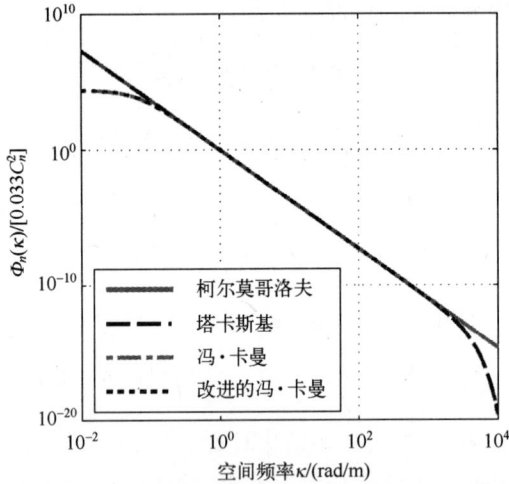

图 9.1 大气功率的常用模型

在处理通过大气的电磁传播的过程中,可以假设折射率在短时间量级
(100μs)不随时间改变。由于光速很快,即使光传播通过较大的湍流漩涡,光传播
的时间也不足以改变漩涡的性质,因此通过泰勒冻结湍流假设建立了湍流模型中
瞬态性质。这一假设就是空间局部气象参数的瞬态变化是由平均风速气流导致的
气象参数水平对流引起的,而不是气象参数自身变化引起的[15]。因此,湍流旋涡
在空间上保持不变并以平均风速 v 吹过光轴。然后在了解平均风速后,可以将空
间统计转换为时间统计。例如,光学相位 $\phi(x,y)$ 的时间关系为

$$\phi(x,y,t) = \phi(x - v_x t, y - v_y t, 0) \tag{9.19}$$

式中:v_x, v_y 为平均风速的笛卡儿坐标分量;t 为时间。

9.2.2 通过湍流的光学传播

如第 1 章所描述的,真空或者大气湍流电磁现象都由麦克斯韦方程组表征。
大气可以假设为无源、无磁性和各向同性介质。对于光波传播,我们得到了行谐波
和时间的关系式 $\exp(-i2\pi\nu t)$,式中 $\nu = c/\lambda$ 为光频率,与 1.2.1 节相同。那么,电
场波动方程可以改写为[15]

$$\nabla^2 E(r) + k^2 n^2(r) E(r) + 2\nabla[E(r) \cdot \nabla \ln n(r)] = 0 \tag{9.20}$$

式中:E 为电磁场矢量;k 为真空光波数。

式(9.20)的最后一项与光波传播过程中的偏振变化量有关。当 $\lambda < l_0$ 时可以
忽略,波动方程可以简化为

140

$$[\nabla^2 + k^2 n^2(\boldsymbol{r})]\boldsymbol{E}(\boldsymbol{r}) = 0 \tag{9.21}$$

如1.2.1节,电磁感应 $\boldsymbol{B}$ 也满足这个方程,所以可以将任意6个场元素的方程写成同一个方程:

$$[\nabla^2 + k^2 n^2(\boldsymbol{r})]U(\boldsymbol{r}) = 0 \tag{9.22}$$

除了折射率具有明确的位置关系外,这一方程几乎与式(1.43)完全相同。为了求解式(9.22),我们回到式(9.8)并且假设 $|n_1(\boldsymbol{r})| \ll 1$,这一弱波动的假设,将在这章后面进行量化。通过这一近似,式(9.22)中的因子 $n^2(\boldsymbol{r})$ 可以近似为

$$n^2(\boldsymbol{r}) \approx 1 + 2n_1(\boldsymbol{r}) \tag{9.23}$$

这样,波动方程变为

$$\{\nabla^2 + k^2[1 + 2n_1(\boldsymbol{r})]\}U(\boldsymbol{r}) = 0 \tag{9.24}$$

当介质具有恒定的折射率,式(9.22)可以通过1.3节中包含格林函数的傅里叶光学方法进行求解。然而,若介质为随机非均匀,如大气中的情况,利用格林函数的微扰方法可获得近似解。在雷托夫方法中,光场可以写为

$$U(\boldsymbol{r}) = U_0(\boldsymbol{r})\exp[\psi(\boldsymbol{r})] \tag{9.25}$$

式中: $U_0(\boldsymbol{r})$ 为式(9.24)的真空解($n_1 = 0$); $\psi(\boldsymbol{r})$ 为复相位微扰,采用如下形式进行连续性微扰:

$$\psi(\boldsymbol{r}) = \psi_1(\boldsymbol{r}) + \psi_2(\boldsymbol{r}) + \cdots \tag{9.26}$$

这些连续微扰用于计算 ψ 的不同统计力矩,进而产生场的统计力矩。而且这些微扰可用于分离独立的振幅和相位变量,即

$$\psi = \chi + \mathrm{i}\phi \tag{9.27}$$

式中: χ 为 log 振幅微扰; ϕ 为相位微扰。

雷托夫方法可以利用指定的 PSD 模型解析计算如高斯光束,球面波和平面波等简单源场的场力矩。读者可以查找 Clifford[67]、Ishimaru[65]、安德鲁斯和菲利浦[15]以及萨斯拉[68]等的相关文章详细了解雷托夫方程。

9.2.3 大气光学参数

本节忽略详细的推导过程,但有用的场力矩可以通过雷托夫理论计算,包括

(1)光场的平均值

$$\langle U(\boldsymbol{r})\rangle_\psi = U_0(\boldsymbol{r})\langle\exp\psi(\boldsymbol{r})\rangle \tag{9.28}$$

(2)互相干函数

$$\Gamma(\boldsymbol{r},\boldsymbol{r}',z) = \langle U(\boldsymbol{r})U^*(\boldsymbol{r}')\rangle \tag{9.29}$$

$$= U_0(\boldsymbol{r})U^*(\boldsymbol{r}')\langle\exp[\psi(\boldsymbol{r})\psi^*(\boldsymbol{r}')]\rangle \tag{9.30}$$

互相干函数可以计算许多有用的性质,包括

(1)复相干因子的模数(这里称为相干因子)[6];

$$\mu(\boldsymbol{r},\boldsymbol{r}',z) = \frac{|\Gamma(\boldsymbol{r},\boldsymbol{r}',z)|}{|\Gamma(\boldsymbol{r},\boldsymbol{r},z)\Gamma(\boldsymbol{r}',\boldsymbol{r}',z)|^{1/2}} \tag{9.31}$$

（2）光波结构函数：

$$D(\boldsymbol{r},\boldsymbol{r}',z) = -2\ln\mu(\boldsymbol{r},\boldsymbol{r}',z) \tag{9.32}$$

$$= D_\chi(\boldsymbol{r},\boldsymbol{r}',z) + D_\phi(\boldsymbol{r},\boldsymbol{r}',z) \tag{9.33}$$

式中：D_χ 和 D_ϕ 分别为 log 振幅和相位结构函数。

（3）相位功率谱密度：

$$\Phi_\phi(\kappa) = \frac{1}{4\pi^2\kappa^2}\int_0^\infty \frac{\sin(\kappa r)}{\kappa r}\frac{\mathrm{d}}{\mathrm{d}r}\left[r^2\frac{\mathrm{d}}{\mathrm{d}r}D_\phi(r)\right]\mathrm{d}r \tag{9.34}$$

（4）湍流路径的平均 MTF：

$$\mathcal{H}(f) = \exp\left[-\frac{1}{2}D(\lambda f_l f)\right] \tag{9.35}$$

式中：f_l 为系统焦距。

这些性质将在下面进行一一讨论。然后，这些理论性质用于验证湍流波动光学仿真。

结构参数 C_n^2 为局部湍流强度的量度。然而，还有其他更有用的、更具直观意义的可测量量。另外，C_n^2 为传播距离 Δz 的函数，因此有时单个数值更容易表征特定的光学效应。因此，$C_n^2(z)$ 普遍用于计算在下面将详细讨论的大气相干直径 r_0 和等晕角 θ_0 等参数。事实上，相干直径和等晕角和 $C_n^2(z)$ 的积分相关。

在各向同性和均匀光场的情况下，相干因子的模数可以计算为[68]

$$\mu(\boldsymbol{r},\boldsymbol{r}',z) = \mu(\boldsymbol{r},\boldsymbol{r}+\Delta\boldsymbol{r},z) = \mu(\Delta\boldsymbol{r},z) = \mu(|\Delta\boldsymbol{r}|,z) \tag{9.36}$$

相干因子的准确形式与使用的光源类型和折射率 PSD 类型有关。举一个简单的例子，当光源为平面波时，有

$$\mu(|\Delta\boldsymbol{r}|,z) = \exp\left\{-4\pi^2k^2\int_0^{\Delta z}\int_0^\infty \Phi_n(\kappa,z)\left[1-J_0(\kappa|\Delta\boldsymbol{r}|)\right]\mathrm{d}\kappa\mathrm{d}z\right\} \tag{9.37}$$

式中仅有折射率 PSD 中的 C_n^2 与传播路径有关。利用柯尔莫哥洛夫谱计算相干因子，得

$$\mu^K(|\Delta\boldsymbol{r}|,z) = \exp\left\{-1.46k^2|\Delta\boldsymbol{r}|^{5/3}\int_0^{\Delta z}C_n^2(z)\mathrm{d}z\right\} \tag{9.38}$$

光波的空间相干半径 ρ_0 定义为 $\mu(|\Delta\boldsymbol{r}|,z)$ 的 e^{-1}。现在，引用式（9.32），得

$$D(\rho_0,z) = 2\mathrm{rad}^2 \tag{9.39}$$

该式可以作为 ρ_0 的等价定义。不管哪种定义，在柯尔莫哥洛夫湍流中的平面波相干半径都可以计算为

$$\rho_0 = -1.46k^2 \mid \Delta \boldsymbol{r} \mid ^{5/3} \int_0^{\Delta z} C_n^2(z)\,\mathrm{d}z \tag{9.40}$$

大气相干直径 r_0 是一个更普遍应用的参数,平面波对应数值由下式给出[15]

$$D(r_0,z) = 6.88\,\mathrm{rad}^2, r_0 = 2.1\rho_0 \tag{9.41}$$

因为大气相干直径由 D. L. 弗里德首先引入,所以现在称其为弗里德参数[69]。事实上,最初的引入方法与 ρ_0 完全不同。弗里德分析认为成像望远镜分辨率是大气 MTF 的体积。当以望远镜直径为函数时,曲线拐点处定义为 r_0。对于平面波源,大气相干直径 $r_{0,\mathrm{pw}}$ 数学表达式为[68]

$$r_{0,\mathrm{pw}} = \left[0.423k^2 \int_0^{\Delta z} C_n^2(z)\,\mathrm{d}z \right]^{-3/5} \tag{9.42}$$

式中:光从 $z=0$ 位置的光源传播到位于 $z=\Delta z$ 位置的接收器。对于点源(球面波),大气相干直径 $r_{0,\mathrm{sw}}$ 表达式为[68]

$$r_{0,\mathrm{sw}} = \left[0.423k^2 \int_0^{\Delta z} C_n^2(z) \left(\frac{z}{\Delta z} \right) \mathrm{d}z \right]^{-3/5} \tag{9.43}$$

对于垂直视图和可见波段, r_0 的典型值为 $5 \sim 10\,\mathrm{cm}$。

利用这些定义,柯尔莫哥洛夫湍流平面波源的波结构函数可以写为[15]

$$D^K(\mid \Delta \boldsymbol{r} \mid) = 6.88 \left(\frac{r}{r_0} \right)^{5/3} \tag{9.44}$$

需要注意的是,这一实例假设内部尺寸和外部尺寸 $l_0 = 0, L_0 = \infty$。利用冯·卡曼 PSD 模型可以引出有限的外部尺寸,导出更精确的结构函数:

$$D^{vK}(\mid \Delta \boldsymbol{r} \mid) = 6.16r_0^{-5/3} \left[\frac{3}{5}\kappa_0^{-5/3} - \frac{(r/2\kappa_0)^{5/6}}{\Gamma(11/6)} K_{5/6}(\kappa_0 r) \right] \tag{9.45}$$

若内部及外部尺寸都重要,可以采用改进的冯·卡曼 PSD 模型得到

$$D^{mvK}(\mid \Delta \boldsymbol{r} \mid) = 3.08r_0^{-5/3} \times \left\{ \Gamma\left(-\frac{5}{6} \right) \kappa_m^{-5/3} \left[1 - {}_1F_1\left(-\frac{5}{6}; 1; -\frac{\kappa_m^2 r^2}{4} \right) \right] - \frac{9}{5}\kappa_0^{1/3} r^2 \right\} \tag{9.46}$$

式中: ${}_1F_1(a;c;z)$ 为第一类汇合型超几何函数,并且使用了改进的冯·卡曼的 PSD 模型。安德鲁斯等提出了一种超几何函数的代数近似[70],使得结构函数可以写成误差小于 2% 的简化形式,即

$$D^{mvK}(\mid \Delta \boldsymbol{r} \mid) \approx 7.75r_0^{-5/3} r_0^{-1/3} r^2 \left[\frac{1}{(1+2.03r^2/l_0^2)^{1/6}} - 0.72\,(\kappa_0 l_0)^{1/3} \right] \tag{9.47}$$

在安德鲁斯和菲利浦等人的论文中,可以查找到其他光源的波结构函数和更加成熟的 PSD 模型,如希尔模型[15]。由于平面波实例非常有用,特别是用于验证波动光学仿真中随机产生相位屏的性质,所以本节给出了平面波的湍流传播仿真。

通过计算不同形式的光波结构函数,可以由式(9.34)计算相位 PSD。实际上,存在另一个关系式可以简化相位 PSD 的计算。对于弱湍流中的平面波,相位 PSD 为

$$\Phi_\phi(\kappa) = 2\pi^2 k^2 \Delta z \Phi_n(\kappa) \tag{9.48}$$

然后,就可以直接得到柯尔莫哥洛夫、冯卡曼和改进的冯卡曼折射率 PSD 对应的相位 PSD,分别为

$$\Phi_\phi^K(\kappa) = 0.49 r_0^{-5/3} \kappa^{-11/3} \tag{9.49}$$

$$\Phi_\phi^{vK}(\kappa) = \frac{0.49 r_0^{-5/3}}{(\kappa^2 + \kappa_0^2)^{11/6}} \tag{9.50}$$

$$\Phi_\phi^{mvK}(\kappa) = 0.49 r_0^{-5/3} \frac{\exp(-\kappa^2/\kappa_m^2)}{(\kappa^2 + \kappa_0^2)^{11/6}} \tag{9.51}$$

在本章的后半部分,上述 PSD 将用于产生湍流相位屏的随机图案。这一方法使用 FT,并且本书的 FT 变换采用以 cycles/m 为单位的通常频率,而不是以单位为 rad/m 的角频率。因此,利用 f 的形式改写 PSD 是非常有利的,得

$$\Phi_\phi^K(f) = 0.023 r_0^{-5/3} f^{-11/3} \tag{9.52}$$

这一结果仅作为一个例子,其他的 PSD 具有相似的形式。

弗里德在引入了 r_0 过程中,将其作为透过大气图像的平均 MTF 来计算[69]。相关结果可以总结为[6]

$$\mathcal{H}(f) = \exp\left\{ -3.44 \left(\frac{\lambda f_l f}{r_0} \right)^{5/3} \left[1 - \alpha \left(\frac{\lambda f_l f}{D} \right)^{1/3} \right] \right\} \tag{9.53}$$

$$= \exp\left\{ -3.44 \left(\frac{f D}{2 f_0 r_0} \right)^{5/3} \left[1 - \alpha \left(\frac{f}{2 f_0} \right)^{1/3} \right] \right\} \tag{9.54}$$

式中:f_0 为衍射极限截止频率,并且

$$\alpha = \begin{cases} 0 & (\text{对于长曝光成像}) \\ 1 & (\text{对于没有闪烁的短曝光成像}) \\ \dfrac{1}{2} & (\text{对于有闪烁的短曝光成像}) \end{cases} \tag{9.55}$$

这里短曝光和长曝光的关键区别在于大气倾斜因子的修正。长曝光图像假设曝光时间足够长,图像中心在像平面内随机漂移多次。反过来,短曝光图像假设曝光时间足够短,倾斜只能影响图像一次。若对多次短曝光图像进行平均,图像将首先漂移到中心,因而消除了倾斜的影响。读者应该注意到,大气具有如式(9.54)所示的传递函数,而成像系统自身具有如 5.2.2 节讨论的 OTF。复合系统的 OTF 是两个 OTF 的乘积。例如,图 9.2 所示为圆形孔径且 $D/r_0 = 4$ 的复合 MTF 曲线。

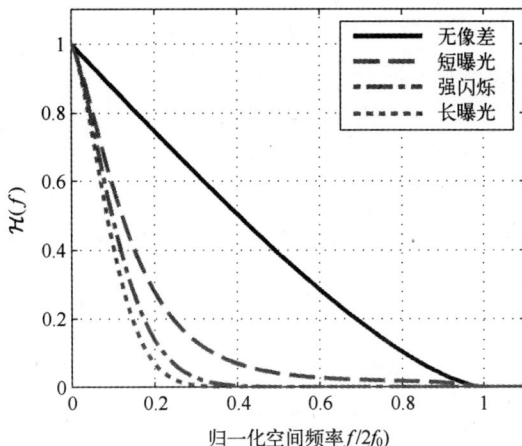

图 9.2　$D/r_0 = 4$ 的复合 MTF
黑实线—没有像差的情况；灰虚线—只有相位波动的短曝光情况；
灰点划线—强闪烁的短曝光；灰点线—长曝光情况。

如 5.2.3 节讨论的一样，平均 MTF 可用于确定图像系统的斯特列尔比。弗里德的工作提供了一种方法用于计算包含湍流效应的斯特列尔比。利用式(5.47)和式(9.54)确定湍流圆形孔径的斯特列尔比为

$$S = \frac{16}{\pi} \int_0^1 f' \left(\arccos f' - f' \sqrt{1 - f'^2} \right) \times \exp\left\{ -3.44 \left(f' \frac{D}{r_0} \right)^{5/3} \left[1 - \alpha \left(f \right)^{1/3} \right] \right\} \mathrm{d}f' \tag{9.56}$$

式中 $f' = f/(2f_0)$ 为归一化空间频率。

弗里德数值计算了每一个 α 值对应的积分。后来，安德鲁斯和菲利浦开发了无闪烁($\alpha = 0$)长曝光情况的解析近似[15]：

$$S \approx \frac{1}{\left[1 + (D/r_0)^{5/3} \right]^{6/5}} \tag{9.57}$$

这一近似结果对所有 D/r_0 都是相当精确的。萨斯拉利用梅林变换计算了这一积分公式，推导的结果表达式既可以写成梅耶 G 函数，也可以写成等效的福克斯 H 函数中[68]。利用一系列表征的前几项可以推导出近似的多项式表达式：

$$S \approx \left(\frac{r_0}{D} \right)^2 - 0.6159 \left(\frac{r_0}{D} \right)^3 + 0.0500 \left(\frac{r_0}{D} \right)^5 + 0.132 \left(\frac{r_0}{D} \right)^7 \tag{9.58}$$

这一公式对于 $D/r_0 > 2$ 是非常准确的。

如果光学系统的特性(光学传递函数和点扩展函数)随位置变化，则称该系统具有非等晕性。这一定义可以应用于任何光学系统，但本章感兴趣的系统只是大气。

145

可以通过检查如下定义的相位 $D_\phi(\theta)$ 的角结构函数来测量角非等晕性的严重性:

$$D_\phi(\Delta\theta) = \langle \, |\, \phi(\theta) - \phi(\theta+\Delta\theta) \, |^2 \, \rangle \tag{9.59}$$

式中: θ 为物方的角坐标; $\Delta\theta$ 为物方两点之间的角间距。

等晕角 θ_0 定义如下:

$$D_\phi(\theta_0) = 1\,\mathrm{rad}^2 \tag{9.60}$$

通过与推导式(9.43)相同的数学过程,可以由下式给出 θ_0:

$$\theta_0 = \left[2.91 k^2 \Delta z^{5/3} \int_0^{\Delta z} C_n^2(z) \left(1 - \frac{z}{\Delta z}\right)^{5/3} \mathrm{d}z \right]^{-3/5} \tag{9.61}$$

这一公式考虑到了通过湍流光程的最大视场角与光轴上的最大视场角差异不大。可见,波段垂直视角的 θ_0 典型值约为 $5\sim10\,\mu\mathrm{rad}$。

Log 振幅(或辐照度)统计对于描述闪烁强度也是非常重要的。如下定义的 log 振幅方差为闪烁的通用量度。

$$\sigma_\chi^2(\boldsymbol{r}) = \langle \chi^2(\boldsymbol{r}) \rangle - \langle \chi(\boldsymbol{r}) \rangle^2 \tag{9.62}$$

对于平面波或者发散球面波(点)源,log 振幅方差 $\sigma_{\chi,\mathrm{pw}}^2$ 和 $\sigma_{\chi,\mathrm{sw}}^2$ 的计算式分别为[68]

$$\sigma_{\chi,\mathrm{pw}}^2 = 0.563 k^{7/6} \Delta z^{5/6} \int_0^{\Delta z} C_n^2(z) \left(1 - \frac{z}{\Delta z}\right)^{5/6} \mathrm{d}z \tag{9.63}$$

和

$$\sigma_{\chi,\mathrm{sw}}^2 = 0.563 k^{7/6} \int_0^{\Delta z} C_n^2(z) z^{5/6} \left(1 - \frac{z}{\Delta z}\right)^{5/6} \mathrm{d}z \tag{9.64}$$

弱波动与 $\sigma_\chi^2 < 0.25$ 有关,强湍流与 $\sigma_\chi^2 \gg 0.25$ 有关。需要注意的是,本章提到的雷托夫方法仅对弱波动有效。

9.2.4 分层大气模型

若假设大气湍流是一个简单的统计模型,则有可能推导出大气湍流影响光束传播的解析结果。然而,当需要考虑更复杂的场景时,如使用自适应光学系统,通常不能求解出修正光场统计量的收敛解。为了数学上的简化,一种常用的技术就是将湍流处理成有限数目的分立层。这个方法经常用于实验室内的解析计算、计算机模拟和湍流仿真[15,60,61]。如果分层折射率谱和闪烁性质与对应外部介质的性质相匹配,那么分层模型是非常有用的[23,71]。

每一层作为一个单位振幅的薄相位屏,表征一个非常厚的湍流体积。如果相位屏的厚度远远小于屏后的传播距离,则认为相位屏是薄的[15]。相位屏是大气相位扰动的一种实现方法,配合式(9.2)可计算出折射率算符 $\mathcal{T}[z_i, z_{i+1}]$ 的表达式,这就是如何将大气相位屏引入分步光束传播方法来仿真大气传播的方法。有关分层湍流理论和生成相位屏的讨论将在下面部分给出。

9.2.5 理论

为了从理论上将大气表征为相位屏,可以简单地把湍流曲线改写成有效结构参数项 C_{ni}^2,沿传播路径的位置 z_i 和第 i 个相位屏对应扩展湍流平板的厚度 Δz_i 的形式。选择 C_n^2 的值使得连续模型的几个低阶力矩与层模型相匹配[23,71]:

$$\int_0^{\Delta z} C_n^2(z')\ (z')^m \mathrm{d}z' = \sum_{i=1}^n C_{ni}^2 z_i^m \Delta z_i \tag{9.65}$$

式中:n 为所用相位屏的数目,并且 $0 \leqslant m \leqslant 7$。这样,层模型的 $r_0, \theta_0, \sigma_\chi^2$ 等参数与所建模的体湍流参数相匹配。利用如下给出的式(9.42)、式(9.43)、式(9.63)和式(9.64)的离散形式计算出分层湍流模型的大气参数:

$$r_{0,\mathrm{pw}} = \left(0.423 k^2 \sum_i C_{ni}^2 \Delta z_i\right)^{-3/5} \tag{9.66}$$

$$r_{0,\mathrm{sw}} = \left(0.423 k^2 \sum_{i=1}^n C_{ni}^2 \left(\frac{z_i}{\Delta z}\right)^{5/3} \Delta z_i\right)^{-3/5} \tag{9.67}$$

$$\sigma_{\chi,\mathrm{pw}}^2 = 0.563 k^{7/6} \Delta z^{5/6} \sum_{i=1}^n C_{ni}^2 \left(1 - \frac{z_i}{\Delta z}\right)^{5/6} \Delta z_i \tag{9.68}$$

$$\sigma_{\chi,\mathrm{sw}}^2 = 0.563 k^{7/6} \Delta z^{5/6} \sum_{i=1}^n C_{ni}^2 \left(\frac{z_i}{\Delta z}\right)^{5/6} \left(1 - \frac{z_i}{\Delta z}\right)^{5/6} \Delta z_i \tag{9.69}$$

通过合并式(9.66)中的项可以给出第 i 层的有效相干直径 r_{0i}[71]:

$$r_{0i} = \left[0.423 k^2 C_{ni}^2 \Delta z_i\right]^{-3/5} \tag{9.70}$$

需要注意的是,目前考虑的是平面波 r_0,因此仅仅当分层非常薄时,这一定义才是有效的。湍流层的 r_0 值通常用来表征湍流的强度。根据这一定义,式(9.70)可以代入式(9.66)~式(9.69),以相位屏 r_0 值的形式写出预期的光场性质。这一代换得

$$r_{0,\mathrm{pw}} = \left(\sum_{i=1}^n r_{0i}^{-5/3}\right)^{-3/5} \tag{9.71}$$

$$r_{0,\mathrm{sw}} = \left[\sum_{i=1}^n r_{0i}^{-5/3} \left(\frac{z_i}{\Delta z}\right)^{5/3}\right]^{-3/5} \tag{9.72}$$

$$\sigma_{\chi,\mathrm{pw}}^2 = 1.33 k^{-5/6} \Delta z^{5/6} \sum_{i=1}^n r_{0i}^{-5/3} \left(1 - \frac{z_i}{\Delta z}\right)^{5/6} \tag{9.73}$$

$$\sigma_{\chi,\mathrm{sw}}^2 = 1.33 k^{-5/6} \Delta z^{5/6} \sum_{i=1}^n r_{0i}^{-5/3} \left(\frac{z_i}{\Delta z}\right)^{5/6} \left(1 - \frac{z_i}{\Delta z}\right)^{5/6} \tag{9.74}$$

如果给定一组预期的大气条件,例如 $r_{0,\mathrm{sw}}$ 和 $\sigma_{\chi,\mathrm{sw}}^2$,则可以利用上述公式确定需

要的相位屏性质及其沿传播路径的位置。这些公式可以写成矩阵矢量符号的形式。使用典型的相位屏数量,如 5~10 个,将存在 10~20 个未知的参数(每个相位屏对应的 r_0 和 z_i),因此这两个方程组是极其欠定的。通过固定相位屏位置的方法可以很容易地解决这一问题,例如,与第 8 章讨论的等间距部分传播平面保持一致。这样,在每个部分传播平面内放置一个相位屏,考虑到 8.3 节中 $\alpha_i = z_i / \Delta z_i$ 可以进一步简化公式。例如,5 个相位屏的方程组如下所示:

$$
\begin{pmatrix} r_{0,\mathrm{sw}}^{-5/3} \\ \dfrac{\sigma_{\chi,\mathrm{pw}}^2}{1.33}\left(\dfrac{k}{\Delta z}\right)^{5/6} \end{pmatrix} = \begin{pmatrix} 0 & 0.0992 & 0.315 & 0.619 & 1 \\ 0 & 0.248 & 0.315 & 0.248 & 0 \end{pmatrix} \begin{pmatrix} r_{01}^{-5/3} \\ r_{02}^{-5/3} \\ r_{03}^{-5/3} \\ r_{04}^{-5/3} \\ r_{05}^{-5/3} \end{pmatrix} \tag{9.75}
$$

矩阵第一行的数值为 $\alpha_i^{5/3}$,矩阵第二行的数值为 $\alpha_i^{5/6}(1-\alpha_i)^{5/6}$。

在这一方法中,左边参数由需要仿真的场景来决定。如果给定 λ、Δz 和 $C_n^2(z)$ 的模型,即可计算出仿真所要求的大气参数。然后,求解适当的方程组来计算相位屏的 r_0 值,如式(9.75)。这种方法的困难之处在于如何求解 r_0 矢量的 -5/3 次幂。求解出的 r_0 矢量负值是没有任何物理意义的,因此公式解必须限制为正值。9.5 节中的实例显示了如何利用约束优化来计算包括若干相位屏仿真的 r_0 值。

9.3 蒙特卡罗相位屏

大气折射率变化是一个随机过程,通过大气的光程长度也同样是随机的。因此,湍流模型仅给出统计平均值,如折射率变量的结构函数和功率谱。建立大气相位屏的问题就是产生随机过程独立表达式的问题,即相位屏的建立是通过把计算机产生的随机数变换为采样点网格上的两维相位值阵列来实现的,相位值阵列具有与湍流引起的相位变化相同的统计特性。很多文献介绍了各种大气相位屏生成方法,这些方法具有良好的计算效率[72-75]、高准确性[56,71,76-82]和灵活性[83-85]。

相位通常可以写成各种基底函数的权重加和,常用于这一目的的基组为泽尔尼克多项式和傅里叶数列,这两种基组各有优缺点。最普遍的相位屏生成方法是由 McGlamery[86] 最先引入的 FT 方法。

如果假设湍流诱导相位 $\phi(x,y)$ 为傅里叶变换函数,可将其改写成傅里叶积分表征,即

$$
\phi(x,y) = \int_{-\infty}^{\infty}\int_{-\infty}^{\infty} \Psi(f_x,f_y)\, e^{i2\pi(f_x x + f_y y)}\, df_x df_y \tag{9.76}
$$

式中：$\Psi(f_x,f_y)$为相位的空间频率域表征。

当然，如9.2.3节所讨论的，$\phi(x,y)$实际上是随机过程带有功率谱密度（由$\Phi_\phi(f)$或$\Phi_\phi(k)$给出）的表达式。如果把相位处理成二维信号，相位的总功率P_{tot}可以写成两种形式：一种使用功率谱密度的定义；另一种依据巴歇尔定理，即

$$P_{tot} = \int\!\!\!\int_{-\infty}^{\infty}\!\!\!{}^{\infty}\, |\phi(x,y)|^2 dxdy = \int\!\!\!\int_{-\infty}^{\infty}\!\!\!{}^{\infty} \Phi_\phi(f_x,f_y)\, df_x df_y \tag{9.77}$$

为了在有限的网格上生成相位屏，需要将光学相位$\phi(x,y)$改写成傅里叶级数（FS），得[80]

$$\phi(x,y) = \sum_{n=-\infty}^{\infty}\sum_{m=-\infty}^{\infty} C_{n,m}\exp[\,i2\pi(f_{x_n}x + f_{y_m}y)\,] \tag{9.78}$$

式中：f_{x_n}，f_{y_m}为x和y方向的离散空间频率；$c_{n,m}$为傅里叶级数系数。

由于通过大气的相位变化是许多沿着光路的独立随机非均匀性造成的，因此采用中心极限定理可以确定$c_{n,m}$具有高斯分布。同样需要注意，傅里叶系数$c_{n,m}$一般是复数。每一个实部和虚部分别具有零平均值和相等的方差，并且相互之间的交互协方差为零。因此，傅里叶系数服从具有零平均值和方差的环形复高斯统计，即[32,80]

$$\langle\,|C_{n,m}|^2\,\rangle = \Phi_\phi(f_{x_n},f_{y_m})\Delta f_{x_n}\Delta f_{y_m} \tag{9.79}$$

如果使用FFT提高计算效率，则必须在笛卡儿网格上对频率采样进行线性分割。如果x和y网格尺寸分别为L_x和L_y，则频率间隔为$\Delta f_{x_n} = 1/L_x$和$\Delta f_{y_m} = 1/L_y$，得

$$\langle\,|C_{n,m}|^2\,\rangle = \frac{1}{L_x L_y}\Phi_\phi(f_{x_n},f_{y_m}) \tag{9.80}$$

现在的任务是生成傅里叶系数的表达式。典型的随机数软件，如MATLAB的randn函数，可以生成零平均值和单位方差的高斯随机数。如果x为平均值μ和方差σ^2的高斯随机变量，仅需要一个简单的变换，变量$z = (x-\mu)/\sigma$即为零平均值和单位方差的高斯随机变量。根据这一方法，可以通过具有零平均值和单位方差的标准数学软件来生成高斯随机数。然后，乘以式（9.79）给出的方差均方根得出式（9.78）中的FS系数的随机曲线。

程序9.2给出了利用FT方法生成相位屏的MATLAB代码，第6~16行生成式（9.51）的均方根。作为整个过程的一部分，第16行设相位的零频分量为0。然后，第18行生成FS系数的随机曲线。最后，第20行利用了FT由随机曲线合成相位屏。需要注意，IFT的实部和虚部产生两个非相关的相位屏。第20行利用相位屏的实部并舍弃虚部部分。

程序 9.2 利用 FT 方法产生相位屏的 MATLAB 代码,相位屏和随机图产生的大气湍流相吻合

```
1    function phz = ft_phase_screen(r0,N,delta,L0,l0)
2    % function phz...
3    %          = ft_phase_screen(r0,N,delta,L0,l0)
4
5    %   setup the PSD
6    Del_f = 1/(N * delta);        % frequency grid spacing [1/m]
7    fX = (-N/2:N/2-1) * del_f;
8    % frequency grid [1/m]
9    [fX fY] = meshgrid(fX);
10   [th f] = cart2pol(fx,fy); % polar grid
11   fm = 5.92/l0/(2 * pi);  % inner scale frequency [1/m]
12   f0 = 1/L0            % outer scale frequency [1/m]
13   % modified von Karman atmospheric phase PSD
14   PSD_phi = 0.023 * r0^(-5/3) * exp(-(f/fm).^2)...
15       ./(f.^2+f0^2).^(11/6);
16   PSD_phi(N/2+1,N/2+1) = 0;
17   % random draws of Fourier coefficients
18   cn = (randn(N) + i * randn(N) . * sqrt(PSD_phi) * del_f;
19   % synthesize the phase screen
20   Phz = real(ift2(cn,1));
```

然而,程序 9.2 中显示的 FFT 方法并不能生成准确的相位屏。为了理解这一点,读者应该注意到,图 9.1 显示的由式(9.51)生成的相位 PSD 在较低空间频率具有很高的功率。实际上,许多文献表明经常不能对足够低的空间频率进行采样来准确表征低阶模式,如倾斜。当生成和验证一个通过湍流仿真实例的相位屏时,图 9.3 显示了明显的偏差。在该图中,利用程序 9.2 中 ft_phase_screen 函数执行的 FT 方法生成了 40 个相位屏。然后,利用程序 3.7 中的 str_fcn2_ft 函数来计算每一个相位屏的结构函数,结果为相位平均值。图中虚线表示平均结构函数的模切线。相位屏统计函数明显不能很好地匹配由实灰线表示的理论结构函数。结果表明,最大偏差发生在大空间间隔处,对应着低空间频率。

已经提出了若干种方法用于补偿这种缺点,例如,考克兰[76],罗迪斯[87]和 Ja-kobssen[79]等参考了诺尔报道的泽尔尼克模式统计[22],采用泽尔尼克多项式的随机曲线(或线性组合)。相比之下,威尔士[80]和埃克特与戈达德[82]利用空间频率域非均匀采样的 FS 方法引入了极低的空间频率。仍有其他人采用了这两个方法的组合，称为"分谐波法"。赫尔曼与斯特鲁加拉[77]、莱恩等[78]、约翰逊和 Gavel[88]、塞德马克[81]利用低频傅里叶级数放大 FT 屏。

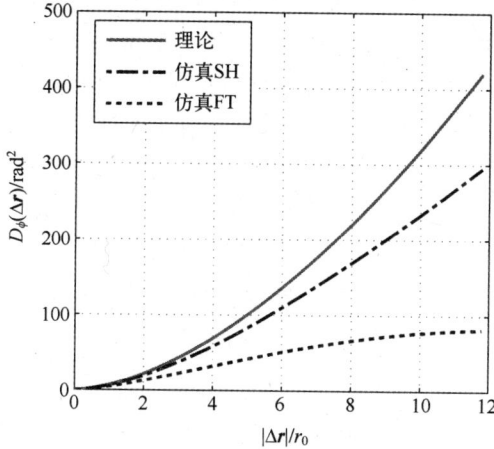

图 9.3　由 FT 和分谐波屏计算的平均结构函数与理论的比较

本章运行了莱恩等提出的分谐波方法[78]。Frehlich 证明基于相位屏的湍流仿真可以产生准确的结果[56]。程序 9.3 给出了利用分谐波方法生成相位屏的 MAT-LAB 代码。编码第 7 行采用之前讨论的 FT 方法生成了一个相位屏。然后，代码第 9~34 行生成了低频相位屏。这一相位屏 $\phi_{LF}(x,y)$ 是 N_p 个不同屏的加和，如

$$\phi_{LF}(x,y) = \sum_{p=1}^{N_p} \sum_{n=-1}^{1} \sum_{m=-1}^{1} C_{n,m} \exp\left[i2\pi(f_{x_n}x + f_{y_m}y) \right] \qquad (9.81)$$

式中：n,m 的加和是指不同的网格点对应的离散频率和系数 p 的数值。

代码第 15~25 行设置了 PSD 的平方根，代码第 27、28 生成了傅里叶系数的随机曲线，代码第 30 行执行了索引数 n 和 m 的加和。然后，代码第 32 行执行了 N_p 个不同网格点的和。在这一特殊应用中，只有一个 3×3 的频率网格用于每一个 p 值，并采用了 $N_p = 3$ 个不同网格点。每个 p 值对应的频率网格间隔为 $\Delta f_p = 1/(3^pL)$。这样，频率网格间隔即为 FT 屏网格间隔的分谐波。

程序 9.4 给出了利用程序 9.3 中 ft_sh_phase_screen 函数生成随机相位屏的实例。在程序 9.4 中，相位屏尺寸为 2m，相干直径为 $r_0 = 10cm$，内部标尺为 $l_0 = 1cm$，外部标尺为 $L_0 = 100m$。图 9.4 显示了程序 9.4 生成的大气相位屏。

图 9.3 证明了分谐波屏的确可以生成更加准确的相位屏统计量。数位作者已经研究了分谐波方法应用于生成大气相位屏的能力。赫尔曼和斯特鲁加拉最先开展了这项工作[77]。他们采用稍有不同的分谐波方法证明他们用分谐波概念生成

的相位屏结构函数和理论结果吻合得非常好。他们进一步对比了分谐波屏得到的平均斯特列尔比,与理论值非常接近。后来,莱恩等开发了本章使用的特殊分谐波方法,并且证明其相位屏也和理论结构函数非常接近[78]。不久以后,Johansson和Gavel对比了赫尔曼、斯特鲁加拉和莱恩等的方法,并证明他们开发的分谐波技术能够生成与理论更加接近的结构函数[88]。在研究非正方形分谐波相位屏准确性的过程中,塞德马克证明了相位结构函数和孔径平均相位方差的高度一致性[81]。最后,Frehlich研究了利用分谐波相位屏进行全波动光学仿真的准确性。其研究结果表明,对于束波,FT相位屏和子谐波相位屏计算的平均光强准确性是一致,但分谐波相位屏生成的光强方差更加准确;对于平面波,两种方法都能生成准确的光强方差,但只有分谐波方法能产生准确的互相关函数。

程序9.3 由随机曲线生成与大气湍流自恰的相位屏的 MATLAB 代码,代码采用了分谐波强化的 FT 方法

```
1     function [ phz_lo phz_hi]...
2       =ft_sh_phase_screen(r0,N,delta,L0,10)
3     %function [ phz_lo phz_hi]...
4     %   =ft_sh_phase_screen(r0,N,delta,L0,10)
5
6       D=N * delta;
7       % high-frequency screen from FFTmethod
8       phz_hi=ft_phase_screen(r0,N,delta,L0,10);
9       % spatial grid [m]
10      [x y]=meshgrid ((-N/2:N/2-1) * delta);
11      % initialize low_freq screen
12      phz_lo=zeros(size(phz_hi));
13      % loop over frequency grids with spacing 1/(3^p * L)
14    for p=1:3
15        % setup the PSD
16    del_f=1/(3^p * D);   % frequency grid spacing [1/m]
17        fx=(-1:1) * del_f;
18        % frequency grid [1/m]
19        [fX fY]=meshgrid(fx);
20        [th f]=cart2pol (fx,fy);   % polar grid
21        fm=5.92/10/(2 * pi);   % inner scale frequency [1/m]
22        f0=1/L0             % outer scale frequency [1/m]
23        %modified von Karman atmospheric phase PSD
```

```
24        PSD_phi = 0. 023 * r0^( -5/3) * exp( -( f/fm). ^2)...
25        ./( f. ^2+f0^2). ^( 11/6) ;
26        PSD_phi( 2,2) = 0;
27        % random draws of Fourier coefficients
28          cn = ( randn( 3) +i * randn( 3) ...
29        . * sqrt( PSD_phi) * del_f;
30        SH = zeros( N) ;
31        % loop over frequencies on this grid
32    for ii = 1:9
33        SH = SH+cn( ii)...
34                * exp( i * 2 * pi * ( fx( ii) * x+fy( ii) * y) ) ;
35    end
36        phz_lo = phz_lo+SH;    % accumulate subharmonics
37    end
38      phz_lo = real( phz_lo−mean( real( phz_lo( : ) ) ) ) ;
```

程序 9. 4   ft_sh_phase_screen 函数的应用实例

```
1    %example_ft_sh_phase_screen. m
2
3    D=2;          % length of one side of square phase screen [ m]
4    r0=0. 1;      % coherence diameter    [ m]
5    N=256;        % number of grid points per side
6    L0=100;       % outer scale [ m]
7    l0=0. 01;     % inner scale [ m]
8
9    delta=D/N;    % grid spacing [ m]
10   % spatial grid
11   X=( -N/2:n/2-1) * delta;
12   Y=x;
13   % generate a random draw of an atmospheric phase screen
14   [ phz_lo phz_hi]..
15       =ft_sh_phase_screen( r0,N,delta,L0,l0) ;
16   phz=phz_lo+phz_hi;
```

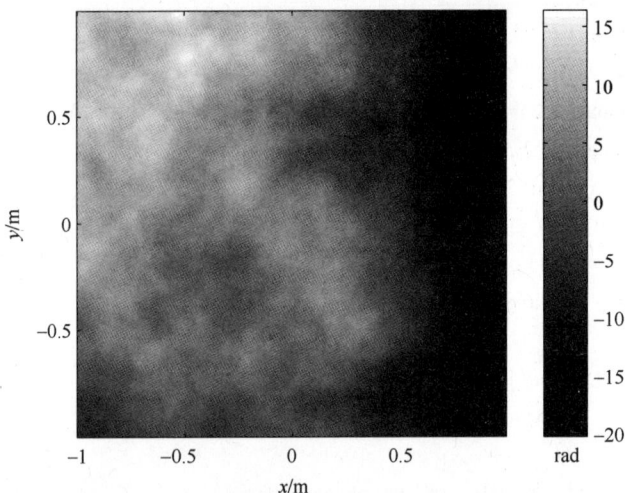

图 9.4　利用分谐波方法生成的典型大气相位屏

9.4　采样约束

在通过湍流传播过程中,光束受到两个扩展效应影响,即倾斜和更高阶的像差。高阶像差导致光束扩展范围超过了衍射效应引起的扩散;倾斜导致光束以随机的方向偏离光轴。一段时间后($\geqslant 1\text{ms}$),这种随机偏离导致光能遍布整个观察平面。短曝光图像可以观察到由高阶像差引起的光束展宽,仅能在长曝光图像中观察到由倾斜引起的光束展宽。对光束展宽的完整讨论超出了本书的范围,但下面将给出对于采样分析的简单模型。

湍流引起的光束展宽使采样约束比 8.4 节给出的真空采样约束更为严格。学者们已经详细讨论了若干种进行合理采样湍流仿真的方法。例如,约翰斯顿和莱恩对真空中传播的自由空间传递函数进行滤波,并根据滤波器的带宽设定传递函数的网格尺寸[41]。然后,根据避免出现二次相位因子混淆现象的原则设定采样间隔,如 7.3.2 节所述。对于大气仿真,根据相位结构函数选择网格间隔,这样计算出的网格间隔 δ_ϕ 使得相邻格点相位小于 π 的概率大于 99.7%。同时也考虑了采样闪烁问题,给出的闪烁范围尺寸近似于菲涅耳长度 $(\lambda \Delta z)^{1/2}$,因此设定 δ_i 为 δ_ϕ、$(\lambda \Delta z)^{1/2}/2$ 和刚好能够避免自由空间点扩展函数发生混淆现象的网格间隔之间的最小值。采用这种方法,能够对自由空间传播、湍流相位及振幅变化进行充分的采样。马丁和弗拉特着重研究了基于湍流引起光强波动的 PSD 的采样限制[43]。最终,科尔斯等对充分平面波和点源进行了定量的误差分析[32],特别是由于有限

154

网格间隔、有限采样数和有限相位屏数所引起的观察平面辐照度误差。他们的方法仅采用了 FT 相位屏,所以所遇到的部分误差问题是由相位屏本身产生的。

曼塞尔以及普劳斯和科伊采用了不同方法,该方法很好地集成了第 7 和 8 章所给出的框架[35,42,54]。他们修改了采样不等式来解释湍流导致的光束扩展效应,湍流影响两个源于传播几何结构的采样约束,而不影响其他源于数值算法的采样约束。

之前章节给出的用于真空传播的采样约束(1)和(2)为

(1)
$$\delta_n \leq \frac{\lambda \Delta z - D_2 \delta_1}{D_1} \qquad (9.82)$$

(2)
$$N \geq \frac{D_1}{2\delta_1} + \frac{D_2}{2\delta_n} + \frac{\lambda \Delta z}{2\delta_1 \delta_n} \qquad (9.83)$$

约束 1 保证源平面网格采样足够精细,以便所有到达观察平面感兴趣区域内的光线都能在源平面内显示出来。在几何光学近似中,湍流引起源平面光线产生随机折射,如图 9.5 所示。这将模糊观察平面看到的 D_1 尺寸和源平面看到的 D_2 尺寸。因此,需要建立与湍流有关的模糊模型来调整约束 1 和 2。

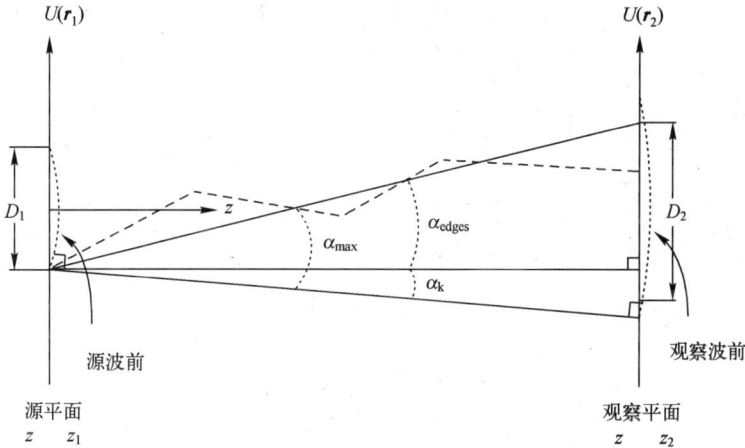

图 9.5　光传播几何示意图,虚线表示光线传播过程中受到
湍流折射,这一几何示意图给出了约束 1

科伊的建模方法是将湍流引起的光束扩展假设为由周期为 r_0 的衍射光栅引起的,这样可以由下式定义新的限制孔径尺寸 D_1' 和 D_2',即

$$D_1' = D_1 + c \frac{\lambda \Delta z}{r_{0,\text{rev}}} \qquad (9.84)$$

155

$$D'_2 = D_2 + c\frac{\lambda \Delta z}{r_0} \tag{9.85}$$

式中：$r_{0,\text{rev}}$ 为从观察平面到源平面反向光传播计算的相干直径；c 为显示模型对湍流灵敏度的调整参数；c 值的典型范围为 2~8。选择 $c=2$ 通常可以捕获 97% 的光；选择 $c=4$ 通常可以捕获 99% 的光。现在为了仿真通过湍流的光传播，需要的采样分析利用下面不等式：

（1）
$$\delta_n \leqslant \frac{\lambda \Delta z - D'_2 \delta_1}{D'_1} \tag{9.86}$$

（2）
$$N \geqslant \frac{D'_1}{2\delta_1} + \frac{D'_2}{2\delta_n} + \frac{\lambda \Delta z}{2\delta_1 \delta_n} \tag{9.87}$$

（3）
$$\left(1 + \frac{\Delta z}{R}\right)\delta_1 - \frac{\lambda \Delta z}{D_1} \leqslant \delta_2 \leqslant \left(1 + \frac{\Delta z}{R}\right)\delta_1 + \frac{\lambda \Delta z}{D_1} \tag{9.88}$$

然后，一旦选择了 N、δ_1 和 δ_n，部分传播距离和部分传播步数为

$$\Delta z_{\max} = \frac{\min(\delta_1, \delta_n)^2 N}{\lambda} \tag{9.89}$$

$$n_{\min} = \text{ceil}\left(\frac{\Delta z}{\Delta z_{\max}}\right) + 1 \tag{9.90}$$

9.5　执行合理采样的仿真

如第 7 和 8 章所示，通过实例阐述以上采样约束的应用是最有效的方法。本章剩余部分将阐述与建立大气湍流光波传播仿真有关的步骤。

9.5.1　确定传播几何结构及湍流条件

这一小节的仿真实例为湍流传播路径 $\Delta z = 50\text{km}$ 的点光源，沿着整个传播路径 $C_n^2 = 1 \times 10^{-16}\,\text{m}^{-2/3}$。为了简化，假设柯尔莫哥洛夫折射率 PSD 是适合的。观察该光源的望远镜直径 $D_2 = 0.5\text{m}$。利用这些参数能够计算出感兴趣的大气参数，当然这些参数也与想如何处理传播之后的光有关，例如应用于成像、波前传感、自适应光学等。在这一特定实例中，仅对证明仿真的正确性感兴趣。为了证实这一结果，需要使光源传播通过许多湍流，计算相干因子，并和理论预期进行绘图比较，也需要确定相位屏的位置及其相干直径。

程序 9.5 给出了建立湍流模型的 MATLAB 编码。首先设定孔径尺寸、光波长、传播距离等。第 10、11 行由模型点光源的中心波瓣计算 D_1，设定了点光源均匀照明的观察平面感兴趣区域直径（变量 DROI）。第 17~22 行分别由式（9.43）

156

和式(9.64)计算了关键的大气参数,$r_{0,\text{sw}}=17.7\text{cm}$ 和 $\sigma^2_{\chi,\text{sw}}=0.436$。

第25~41行根据9.2.5节的方法计算了相位屏 r_0 值。在这一过程中,第26~29行建立了与式(9.75)相似的矩阵;第30行建立了式(9.75)左边的矢量(变量 b)。根据已知的矩阵和确定的矢量,相位屏 r_0 的值必须通过 r_0 的可能值进行限制搜索来计算。实际上,根据式(9.75),参数为变量 X 中相位屏 r_0 值的 $-5/3$ 次幂。若在一个合理的范围内确定合适的 r_0 值,则可以通过建立可最小化的目标函数来计算这些参数。第35行的目标函数是期望的大气参数(变量 b)与给定 r_0 值(A *X(:))确定的大气参数之差。X 值的有效范围由第36~39行确定。X 的下边界为零,对应无限的相位屏 r_0,上边界的设定条件为每个屏对整体雷托夫数的贡献少于0.1(见第31行),这一条件与马丁和弗拉特建议的指导原则有关[43]。最后,第40、41行执行搜索实现目标函数最小化,第46、47行根据解出的相位屏 r_0 计算大气参数,并在命令行显示出来。

程序9.5 建立点源和接收平面结构关系和湍流相关量的 MATLAB 编码

```
1    % example_pt_source_atmos_setup. m
2
3    % determine geometry
4    D2 = 0.5;      % diameter of the observation aperture [m]
5    wvl = 1e-6;      % optical wavelength [m]
6    k = 2 * pi/wvl;  % optical wavenumber [rad/m]
7    Dz = 50e3;      %propagation distance [m]
8
9    % use sinc to model pt source
10   DROI = 4 * D2;  % diam of obs-plane region of interest [m]
11   D1 = wvl * Dz/DROI;  % width of central lobe [m]
12   R = Dz;  % wavefront radius of curvature [m]
13
14   % atmospheric properties
15   Cn2 = 1e-16;  % structure parameter [m^-2/3], constant
16   % SW and PW coherence diameters [m]
17   r0sw = (0.423 * k^2 * Cn2 * 3/8 * Dz)^(-3/5);
18   r0pw = (0.423 * k^2 * Cn2 * Dz)^(-3/5);
19   p = linspace(0, Dz, 1e3);
20   % log-amplitude variance
21   rytov = 0.563 * k^(7/6) * sum(Cn2 * (1-p/Dz).^(5/6)...
```

```
22      . * p. ^(5/6) * (p(2)-p(1)));
23
24      % screen properties
25      nscr = 11;%number of screens
26      A = zeros(2,nscr);% matrix
27      alpha = (0:nscr-1)/(nscr-1);
28      A(1,:) = alpha. ^(5/3);
29      A(2,:) = (1-alpha). ^(5/6). * alpha. ^(5/6);
30      b = [r0sw. ^(-5/3);   rytov/1.33 * (k/Dz)^(5/6)];
31      % initial guess
32      x0 = (nscr/3 * r0sw * ones(nscr,1)). ^(-5/3);
33      % objective function
34      fun = @(X) sum((A * X(:)-b). ^2);
35      % constraints
36      x1 = zeros(nscr,1);
37      rmax = 0.1;% maximum Rytov number per partial prop
38      X2 = rmax/1.33 * (k/Dz)^(5/6). /A(2,:);
39      X2(A(2,:) = = 0) = 50^(-5/3);
40      [X,fval,exitflag,output]...
41      = fmincon(fun,x0,[ ],[ ],[ ],[ ],x1,x2)
42      % check screen r0s
43      r0scrn = X. ^(-3/5)
44      r0scrn(isinf(r0scrn)) = 1e6;
45      % check resulting r0sw & rytov
46      bp = A * X(:);[bp(1)^(-3/5)   bp(2) * 1.33 * (Dz/k)^(5/6)]
47      [r0sw rytov]
```

9.5.2 分析采样限制

一旦建立了几何结构和湍流条件,就能够通过分析采样约束来确定网格间隔和网格点数目。程序 9.6 对式(9.86)~式(9.88)进行了求解,并利用与 8.4 节本质上相同的方法进行了采样分析。第 2~16 行计算了约束 1、3 的边界条件,并用于产生如图 9.6 所示的等高图(绘图代码未给出)。绘图中给出了约束 2 与 N 相关的下边界和约束 1 和 3 的上边界。这样即可分别在源平面和观察平面选择网格间隔 δ_1 和 δ_n 和必须的最小网格点数目 N。然后,已知选定的参数 δ_1,δ_n 和 N,利用式(9.89)能够计算允许的最大传播距离 Δz_{max},最后,利用式(9.90)计算对应的分

步传播频数 $n-1$。

程序 9.6　给定参数和湍流条件来分析采样限制的 MATLAB 代码

```
1    % analysis_pt_source_atmos_samp. m
2    c = 2;
3    D1p = D1+c * wvl * Dz/r0sw
4    D2p = D2+c * wvl * Dz/r0sw
5
6    delta1 = linspace(0,1.1 * wvl * Dz/D2p,100);
7    deltan = linspace(0,1.1 * wvl * Dz/D1p,100);
8    % constraint 1
9    deltan_max = -D2p/D1p * delta1+wvl * Dz/D1p;
10   % constraint 3
11   d2min3 = (1+Dz/R) * delta1-wvl * Dz/D1p;
12   d2max3 = (1+Dz/R) * delta1+wvl * Dz/D1p;
13   [delta1 deltan] = meshgrid(delta1 deltan);
14   % constraint 2
15   N2 = (wvl * Dz+D1p * deltan+D2p * delta1)...
16       ./(2 * delta1. * deltan);
17   % constraint 4
18   d1 = 10e-3;
19   d2 = 10e-3;
20   N = 512;
21   d1 * d2 * N/wvl
22   zmax = min([d1 d2]^2 * N/wvl)
23   nmin = ceil(Dz/zmax)+1
```

第 18~23 行给出了分析结果,其中假设已经绘图并显示了结果。选择的网格间隔为 $\delta_1 = 1\mathrm{cm}$,$\delta_n = 1\mathrm{cm}$,给出了覆盖模型点源中心峰值的 5 个采样点和覆盖观察望远镜孔径的 50 个样点,在图 9.6 中标记为白色的×。图中可以看出,这些间隔很容易满足约束 1 和 3。同时,必须的网格点数目超过 2^8,因此选择了 $2^9 = 512$ 个网格点。最后,最小平面数为 2,因此只能用一步传播。然而,利用了 10 步传播(11 个平面)来合理表征大气。

9.5.3　执行真空仿真

下一步工作就是利用确定的网格参数 N、δ_1 和 δ_n 来执行一个真空传播的仿真,这样做主要为了两个重要目的:第一,证实在不考虑湍流的情况下,仿真程序

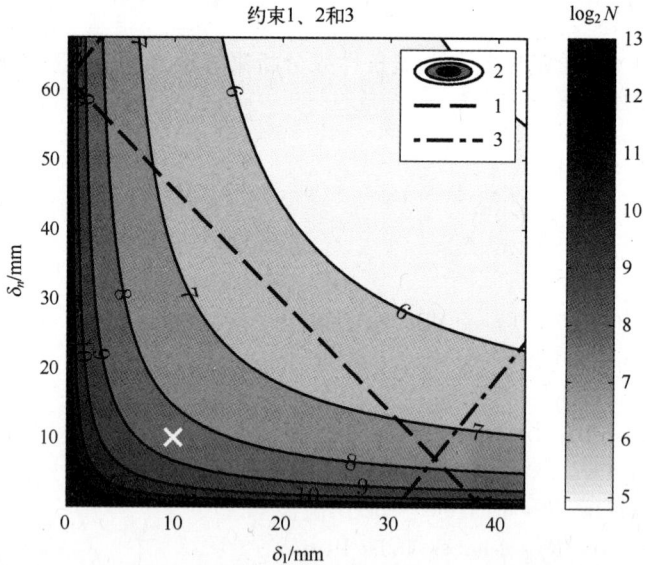

图 9.6　点光源传播的图形化采样分析。在黑色虚线下的区域满足限制条件 1，而黑色点画线满足限制条件 3。白色×给出了选择的 δ_1 和 δ_n 的值

能够得到精确的结果。这一特定实例仿真了一个点光源，这样可以将真空仿真结果与已知的解析解进行对比。程序 9.7 给出了根据实例几何图进行真空传播仿真的 MATLAB 编码。第 3~5 行复制了程序 9.6 生成的一些变量。然后，第 12~14 行创建了 Sinc-Gaussian 点光源模型。接下来，第 19~25 行利用每个平面上的超高斯吸收边界条件建立并执行了传播仿真。最后，通过移除球面波相位对计算得到的光场进行校准，这一过程允许研究相位差，有助于制图，并且对一些特定的分析是完全必要的，如计算相干因子。

　　图 9.7 所示为辐射强度和相位的伪彩色及灰度图，可以明显看出，图中(a)中的辐射强度在整个感兴趣区域几乎是均匀，图(b)中的相位是平的(经过校准)。绘制理论预期的相位切线可以看出，计算的曲线是正确的。执行真空仿真第二个目的是与湍流仿真进行比较。我们经常想知道一个光学系统的性能由湍流引起的劣化程度，因此首先需要对比真空中光学系统的性能。例如，如果想计算湍流中的斯特列尔比，必须先进行真空仿真。

程序 9.7　对于给定采样分析来确定网格的点源执行真空仿真的 MATLAB 代码

```
1    % example_pt_source_vac_prop. m
2
```

```
3    delta1 = d1 ;       % source-plane grid spacing [ m ]
4    deltan = d2 ;       % observation-plane grid spacing [ m ]
5    n = nscr ;          % number of planes
6
7    % coordinates
8    [ x1 y1 ] = meshgrid( ( -N/2 : N/2-1 ) * delta1 ) ;
9    [ theta1 r1 ] = cart2pol( x1 , y1 ) ;
10
11   % point source
12   pt = exp( -i * k/( 2 * R ) * R1. ^2)/D1^2...
13       . * sinc( x1/D1 ). * sinc( y1/D1 )...
14       . * exp( -( r1/( 4 * D1 ). ^2 ) ;
15   % partial prop planes
16   z = ( 1 : n-1 ) * Dz/( n-1 ) ;
17
18   % simulate vacuum propagation
19   sg = exp( -( x1/( 0. 47 * N * d1 ) ). ^16 )...
20       . * exp( -( y1/( 0. 47 * N * d1 ) ). ^16 ) ;
21   t = repmat( sg , [ 1 1 n ] ) ;
22   [ xn yn Uvac ] = ang-spec_multi_prop( pt , wvl , ...
23   delta1 , deltan , z , t ) ;
24   % collimate the beam
25   Uvac = Uvac. * exp( -i * pi/( wvl * R ) * ( xn. ^2+yn. ^2 ) ) ;
```

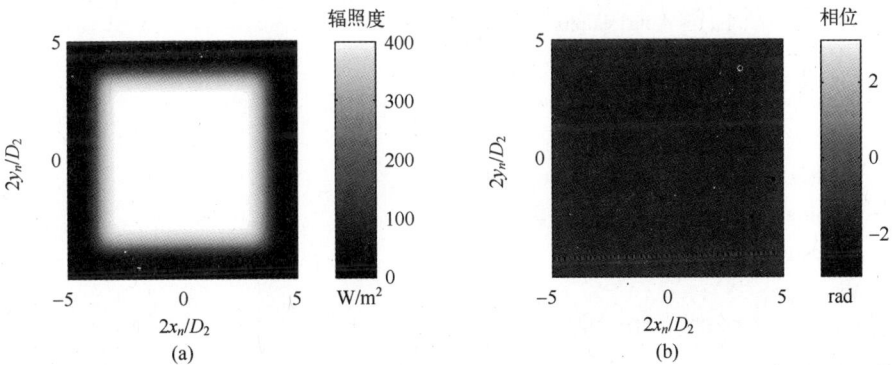

图 9.7　模型点源真空传播时得到的辐照度和相位分布

9.5.4 执行湍流仿真

最后,我们可以利用相位屏的表达式来执行湍流仿真。程序9.8给出了根据实例场景执行湍流仿真的代码,生成了11个相位屏(以正确的网格间隔,每个相位屏也稍有差异)来创建一个实际的湍流路径,并仿真了其中的光波传播。这一过程重复了40次,得到了40个通过独立的、相同分布大气的光场传播表达式。图9.8显示了一个代表性光场的伪彩色、灰度分布图,图(a)显示辐射强度,图(b)显示相位。仿真足够多,表达式允许评估整体的统计参数,如相干因子、波结构函数和log振幅方差。

如果想仿真动态演化的大气,需要针对每一个大气表达式随时间横向移动相位屏,这一过程将明确利用泰勒冻湍流假设[15]。需要根据瞬态量(如格林伍德频率等)确定相位屏的移动速度。这样可以验证仿真的时间特性,然后把仿真用于动态光学系统如自适应光学。

程序9.8 通过采样分析给定网格的情况下,点源湍流仿真执行的 MATLAB 代码

```
1    % example_pt_source_turb_prop. m
2
3    l0=0;      % inner scale [m]
4    L0=inf;    % outer scale [m]
5
6    zt=[0 z];   % propagation plane locations
7    Delta_z=zt(2:n)-zt(1:n-1);%propagation distances
8    % grid spacings
9    alpha=zt/zt(n);
10   delta=(1-alpha)*delta1+alpha*deltan;
11
12   % initialize array for phase screens
13   phz=zeros(N,N,n);
14   nreals=20;   % number of random realizations
15   % initialize arrays for propagated fields,
16   % aperture mask, and MCF
17   Uout=zeros(N);
18   mask=circ(xn/D2,yn/D2,1);
19   MCF2=zeros(N);
20   sg=repmat(sg,[1 1 n]);
```

```
21    for idxreal = 1 : nreals        % loop over realizations
22        idxreal
23        % loop over screens
24        for    idxscr = 1 : 1 : n
25            [ phz_lo    phz_hi ]
26                = ft_sh_phase_screen…
27                    ( r0scrn( idxscr ) , N , delta( idxscr ) , L0 , 10 ) ;
28            phz( : , : , idxscr ) = phz_lo+phz_hi ;
29        end
30        % simulate turbulent propagation
31        [ xn yn Uout ] = ang_spec_multi_prop( pt , wvl , …
32            delta1 , deltan , z , sg. ∗ exp( i ∗ phz ) ) ;
33        % collimate the beam
34        Uout = Uout. ∗ exp( -i ∗ pi/( wvl ∗ R ) ∗ ( xn. ^2+yn. ^2 ) ) ;
35        % accumulate realizations of the MCF
36        MCF2 = MCF2+corr2_ft( Uout , Uout , mask , deltan ) ;
37    end
38    % modulus of the complex degree of coherence
39    MCDOC2 = abs( MCF2 )/( MCF2( N/2+1 , N/2+1 ) ) ;
```

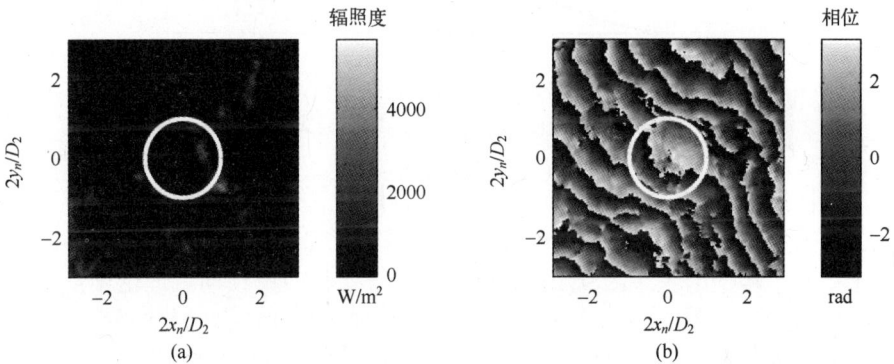

图 9.8　模型点源的湍流传播时得到的辐照度(a)和相位(b)。
白色圆圈标记了观察望远镜口径的边缘。注意到绘图之前光场
已经经过准直,可在图(b)中清晰地看到

9.5.5　验证输出结果

这一小节将验证两个仿真特性:第一个是相位屏结构函数,第二个是观察平面

163

场的相干因子。这些验证利用独立的和相似分布的表达式来检验空间相关性。如果仿真动态变化的大气,也应该检验时间特性,如瞬态相位结构函数。

首先验证相位屏。为了得到验证结果,可以对任意一个分步传播平面应用 40 个随机曲线。这一过程可以通过计算每一个相位屏的二维结构函数并对其取平均得到平均结构函数来实现,如 3.3 节所述。图 9.9 显示了式(9.44)得到的理论相位结构函数与相位屏计算得到的平均结构函数的对比结果。对比结果很相似,表明相位屏足以表征沿传播路径的积累相位。

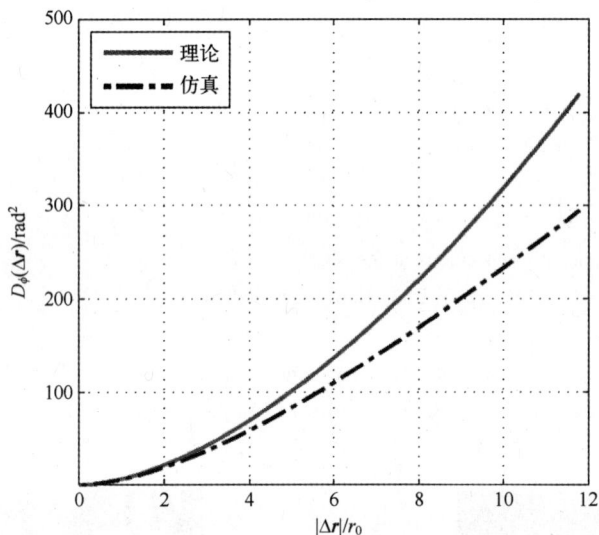

图 9.9 验证独立分布相位屏集合的结构函数

为了证实湍流仿真操作的正确性,我们计算了观察平面的相干因子。程序 9.8 的第 35 行利用第 3 章的 corr2_ft 函数积累了二维互相关函数,第 37 行通过归一化得到了相干因子。图 9.10 所示为计算结果和理论预期。理论预期合并了式(9.32)和式(9.44)的计算结果。我们可以看到理论和仿真结果匹配得非常好。在更高的精度要求下,对比结果存在微小的偏差,这时可以回到初始条件并重新计算需要的相位屏性质来尝试采用更准确的相位屏产生方法,如 Johansson 和 Gavel 提出的方法[88]。一种调整设置的方法是检查式(9.65)并调整 z_i 和 Δz_i 的值来尝试匹配连续和分层模型的湍流动量。这里讨论的常数 C_n^2 是相位屏均匀间隔分布的简单情况,相位屏本身的性质也是均匀的。马丁和弗拉特给出了一个更为广泛的证明实例来测试仿真结果[43,44],这一实例是通过对比弱湍流理论下观察平面的空间辐射度 PSD 和渐近理论实现的。

164

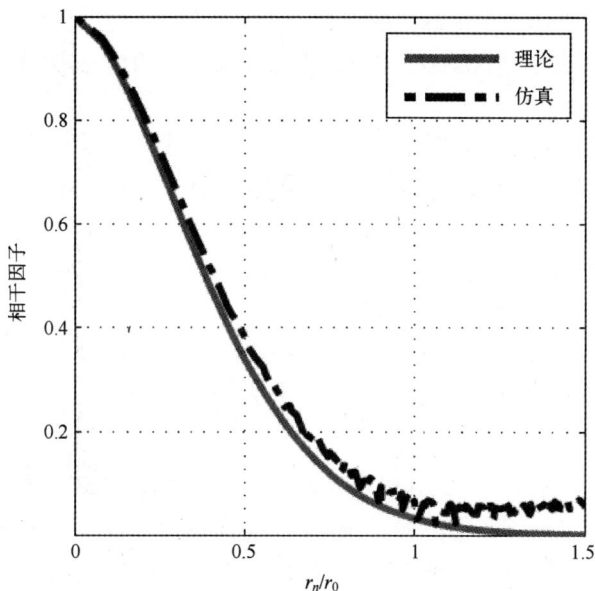

图 9.10 观察平面中的相干因子

9.6 结论

本章给出的实例阐明了建立湍流光传播仿真的步骤,并保证了计算结果的准确性。这是一个重要过程,其中许多过程经常被忽略。由于实际的仿真过程比这里给出的情况更为复杂,所以经常需要更加地努力以保证仿真结果的精确性。额外的复杂性经常包含双向传播、自适应光学系统、移动的平台、粗糙表面的反射、多波长和更多的复杂情况[36,89]。这些额外的工作需要作为仿真大气传播部分进行彻底的测试。

9.7 习题

1. 如果 ε 是位置函数,请同样推导 1.2.1 节麦克斯韦方程组,得到式(9.20)。

2. 对于常数 C_n^2,$r_{0,\mathrm{sw}} = (3/8)^{-3/5} r_{0,\mathrm{pw}}$,试给出传播路径。

3. 把式(9.44)代入式(9.34),证明式(9.49)对于柯尔莫哥洛夫湍流相位 PSD 是正确的。

4. 对于常数 C_n^2,$\sigma_{\chi,\mathrm{sw}}^2 = 0.404 \sigma_{\chi,\mathrm{pw}}$,式给出传播路径。

5. 对于波长 1μm,传播 2km 的点源给出采样图,通过的大气 $r_0 = 2cm$,望远镜的口径为 2m。和真空情况对比,采样需要增加多少? 在每一种情况需要多少部分传播?

6. 对于波长 1μm,传播 75km 的点源给出采样图,通过的大气 10cm,望远镜的口径为 1 m。和真空情况对比,采样需要增加多少? 在每一种情况需要多少部分传播?

7. 考虑波长 1μm 的点源,距离 $\Delta z = 100km$,整个大气路径为柯尔莫哥洛夫折射率 PSD,且 $C_n^2 = 1 \times 10^{-17} m^{-2/3}$。

(1) 给出式(9.42)、式(9.43)、式(9.63)和式(9.64)中的积分公式的解析解,用以分别计算平面波和点源的连续模型 r_0 和 log 振幅协方差 σ_X^2,假设整个传播路径上 C_n^2 为常数。

(2) 利用 3 个相位屏,写出和式(9.75)相似的矩阵矢量,用以匹配连续和分离的点源 r_0、点源 log 振幅协方差和平面波 log 振幅协方差。解方程组得到 3 个 r_{0i} 的值。利用 3 个参数和 3 个相位屏,只有唯一解。这个解是否具有物理意义? 分析一下你的答案。

(3) 现在,把方程写成 7 个相位屏,如程序 9.5 的方法同样的解方程组。

(4) 给定接收口径为 2m,执行考虑湍流的采样分析,绘制与图 8.5 相似的曲线图。

(5) 利用柯尔莫哥洛夫相位 PSD,产生具有 20 个独立同分布的相位屏,计算最后一个相位屏的结构函数,并按照适当的理论预期绘制该结构函数。

(6) 沿着湍流路径仿真传播,并按照理论预期绘制观察平面场的相干因子。

附录 A 函数定义

下面给出整本书用得到的几个函数定义。提供这些函数的目的是使读者了解这些函数的具体用法。

矩形函数(有时也称为盒子函数)定义为

$$\text{rect}\left(\frac{x}{a}\right) = \begin{cases} 1 & \left(x < \frac{a}{2}\right) \\ \dfrac{1}{2} & \left(x = \dfrac{a}{2}\right) \\ 0 & \left(x > \dfrac{a}{2}\right) \end{cases} \tag{A.1}$$

三角函数(有时也称为帽子或帐篷函数)定义为

$$\text{tri}(ax) = \begin{cases} 1 - |ax| & (|ax| < 1) \\ 0 & (\text{其他}) \end{cases} \tag{A.2}$$

sinc 函数定义为

$$\text{sinc}(ax) = \frac{\sin(a\pi x)}{a\pi x} \tag{A.3}$$

梳状函数(有时也称为 Shah 函数)定义为

$$\text{comb}(ax) = \sum_{n=-\infty}^{\infty} \delta(ax - n) \tag{A.4}$$

式中:$\delta(x)$ 为狄拉克 delta 函数[90]。

圆形函数(有时也称为圆柱函数)定义为

$$\text{circ}\left(\frac{\sqrt{x^2 + y^2}}{a}\right) = \begin{cases} 1 & (\sqrt{x^2 + y^2} < a) \\ \dfrac{1}{2} & (\sqrt{x^2 + y^2} = a) \\ 0 & (\sqrt{x^2 + y^2} > a) \end{cases} \tag{A.5}$$

jinch 函数(有时也称为 besinc 或者宽边帽函数)定义为

$$\text{jinc}(ax) = 2\frac{J_1(a\pi x)}{a\pi x} \tag{A.6}$$

式中:$J_n(x)$ 为 n 阶第一类贝塞尔函数[90]。

附录 B   MATLAB 代码列表

下面是整本书用到的几个函数的 MATLAB 代码列表。提供这些代码以便读者准确地知道如何产生这些信号采样。

程序 B.1   矩形函数的 MATLAB 代码

```
1   function y = rect(x,D)
2   %function   y = rect(x,D)
3        if nargin = = 1,D = 1;end
4        x = abs(x);
5        y = double(x<D/2);
6        y(x = = D/2) = 0.5;
```

程序 B.2   三角函数的 MATLAB 代码

```
1   function y = tri(t)
2   %function   y = tri(x,D)
3        t = abs(x);
4        y = zeros(size(t));
5        idx = find(t<1.0);
6        y(idx) = 1.0-t(idx);
```

程序 B.3   圆形函数的 MATLAB 代码

```
1   function z = circ(x,y,D)
2   %function   z = circ(x,y,D)
3     r = sqrt(x.^2+y.^2);
4     z = double(r<D/2);
5     z(r = = D/2) = 0.5;
```

程序 B.4   jinc 函数的 MATLAB 代码

```
1   function y = jinc(x)
```

```
2    %function y = jinc( x)
3       y = ones( size( x) ) ;
4       idx = x ~ = 0;
5       y( idx) = 2. 0 * besselj( 1, pi * x( idx) ). /( pi * x( idx) ) ;
```

程序 B. 5　方孔菲涅耳衍射图案的解析解的 MATLAB 代码

```
1    function U = fresnel_prop_square_ap( x2, y2, D1, wv1, Dz)
2    % function U = fresnel_prop_square_ap( x2, y2, D1, wv1, Dz)
3
4       N_F = ( D1/2) ^W/( wv1 * Dz) ; %Fresnel number
5       % substitutions
6       bigX = x2/sqrt( wvl * Dz) ;
7       bigY = y2/sqrt( wvl * Dz) ;
8       alpha1 = -sqrt( 2) * ( sqrt( N_F) +bigX) ;
9       alpha2 = sqrt( 2) * ( sqrt( N_F) -bigX) ;
10      beta 1 = -sqrt( 2) * ( sqrt( N_F) +bigY) ;
11      beta 2 = sqrt( 2) * ( sqrt( N_F) -bigY) ;
12      % Fresnel sine and cosine integrals
13      ca1 = mfun( 'Fresnel1C' , alpha1) ;
14      sa1 = mfun( 'Fresnel1S' , alpha1) ;
15      ca2 = mfun( 'Fresnel1C' , alpha2) ;
16   sa2 = mfun( 'Fresnel1S' , alpha2) ;
17      cb1 = mfun( 'Fresnel1C' , beta1) ;
18      sb1 = mfun( Fresnel1S' , beta1) ;
19      cb2 = mfun( 'Fresnel1C' , beta2) ;
20      sb2 = mfun( 'Fresnel1S' , beta2) ;
21      % observation-plane field
22      U = 1/( 2 * i) * ( ( ca2-ca1) +i * ( sa2-sa1) )...
23         . * ( ( cb2-cb1) +i * ( sb2-sb1) ) ;
```

参 考 文 献

1. J. D. Jackson, *Classical Electrodynamics*, 3rd Ed., John Wiley & Sons, Inc., New York, NY (1998).

2. C. C. Davis, *Lasers and Electro-Optics: Fundamentals and Engineerng*, 3rd Ed., Cambridge University Press (1996).

3. J. Verdeyen, *Laser Engineering*, Prentice Hall (1994).

4. M. Born and E. Wolf, *Principles of Optics: Electromagnetic Theory of Propagation, Interference and Diffraction of Light*, 7th Ed., Cambridge University Press (1999).

5. J. W. Goodman, *Introduction to Fourier Optics*, 3rd Ed., Roberts & Co., Greenwood Village, CO (2005).

6. J. W. Goodman, *Statistical Optics*, John Wiley & Sons, Inc., New York, NY (1985).

7. The Mathworks, "MATLAB," 2007. Version 2007a.

8. E. O. Brigham, *Fast Fourier Transform and Its Applications*, Prentice Hall, Upper Saddle River, NJ (1998).

9. M. Frigo and S. G. Johnson, "The design and implementation of FFTW3," Proc. IEEE **93**(2), pp. 216–231 (2005). special issue on "Program Generation, Optimization, and Platform Adaptation".

10. W. H. Press, S. A. Teukolsky, W. T. Vetterling, and B. P. Flannery, *Numerical Recipes: The Art of Scientific Computing*, 3rd Ed., Cambridge University Press (2007).

11. Visual Numerics, Inc., "IMSL Numerical Libraries." computer software.

12. B. Sklar, *Digital Communications: Fundamentals and Applications*, 2nd Ed., Prentice Hall, Upper Saddle River, NJ (2001).

13. J. F. James, *A Student's Guide to Fourier Transforms: with Applications in Physics and Engineering*, 2nd Ed., Cambridge University Press, Cambridge, UK (2002).

14. F. G. Stremler, *Introduction to Communication Systems*, 3rd Ed., Prentice Hall (1990).

15. L. C. Andrews and R. L. Phillips, *Laser Beam Propagation Through Random Media*, 2nd Ed., SPIE Press, Bellingham, WA (2005).

16. Optical Research Associates, "CODE V." computer software.

17. Lambda Research Corporation, "OSLO." computer software.

18. ZEMAX Development Corporation, "ZEMAX." computer software.

19. V. N. Mahajan, *Optical Imaging and Aberrations Part II: Wave Diffraction Optics*, SPIE Press, Bellingham, WA (1998).

20. C. Zhao and J. H. Burge, "Orthonormal vector polynomials in a unit circle, Part I: basis set derived from gradients of Zernike polynomials," *Opt. Express* **15**(26), pp. 18014–18024 (2007).

21. C. Zhao and J. H. Burge, "Orthonormal vector polynomials in a unit circle, Part II : completing the basis set," *Opt. Express* **16**(9), pp. 6586–6591 (2008).

22. R. Noll, "Zernike polynomials and atmospheric turbulence," *J. Opt. Soc. Am.* **66**, pp. 207–211 (1976).

23. M. C. Roggemann and B. M. Welsh, *Imaging Through Turbulence*, CRC Press, Inc., New York, NY (1996).

24. R. Navarro, J. Arines, and R. Rivera, "Direct and inverse discrete Zernike transform," *Opt. Express* **17**(26), pp. 24269–24281 (2009).

25. E. Anderson, Z. Bai, C. Bischof, J. Demmel, J. Dongarra, J. D. Croz, A. Greenbaum, S. Hammarling, A. McKenney, and D. Sorenson, "LAPACK: A portable linear algebra library for high-performance computers," Tech. Rep. CS-90-105, University of Tennessee, Knoxville, TN (1990).

26. J. Dongarra, "Basic linear algebra subprograms technical forum standard," *International Journal of High Performance Applications and Supercomputing* **16**(1), pp. 1–111 (2002).

27. J. Dongarra, "Basic linear algebra subprograms technical forum standard," *International Journal of High Performance Applications and Supercomputing* **16**(2), pp. 115–199 (2002).

28. N. Delen and B. Hooker, "Free-space beam propagation between arbitrarily oriented planes based on full diffraction theory: a fast Fourier transform approach," *J. Opt. Soc. Am. A* **15**(4), pp. 857–867 (1998).

29. N. Delen and B. Hooker, "Verification and comparison of a fast Fourier transform-based full diffraction method for tilted and offset planes," *Appl. Opt.* **40**(21), pp. 3525–3531 (2001).

30. G. A. Tyler and D. L. Fried, "A wave optics propagation algorithm," Tech. Rep. TR-451, the Optical Sciences Company (1982).

31. P. H. Roberts, "A wave optics propagation code," Tech. Rep. TR-760, the Optical Sciences Company (1986).

32. W. A. Coles, J. P. Filice, R. G. Frehlich, and M. Yadlowsky, "Simulation of wave propagation in three-dimensional random media," *Appl. Opt.* **34**(12), pp. 2089–2101 (1995).

33. J. A. Rubio, A. Belmonte, and A. Comerón, "Numerical simulation of long-path spherical wave propagation in three-dimensional random media," *J. Opt. Soc. Am. A* **38**(9), pp. 1462–1469 (1999).

34. X. Deng, B. Bihari, J. Gan, F. Zhao, and R. T. Chen, "Fast algorithm for chirp transforms with zooming-in ability and its applications," *J. Opt. Soc. Am. A* **17**(4), pp. 762–771 (2000).

35. S. Coy, "Choosing mesh spacings and mesh dimensions for wave optics simulation," Proc. SPIE **5894**, (2005).

36. C. Rydberg and J. Bengtsson, "Efficient numerical representation of the optical field for the propagation of partially coherent radiation with a specified spatial and temporal coherence function," *J. Opt. Soc. Am. A* **23**(7), pp. 1616–1625 (2006).

37. D. G. Voelz and M. C. Roggemann, "Digital simulation of scalar optical diffraction: revisiting chirp function sampling criteria and consequences," *Appl. Opt.* **48**(32), pp. 6132–6142 (2009).

38. M. Nazarathy and J. Shamir, "Fourier optics described by operator algebra," *J. Opt. Soc. Am. A* **70**(2), pp. 150–159 (1980).

39. M. Nazarathy and J. Shamir, "First-order optics-a canonical operator representation: lossless systems," *J. Opt. Soc. Am. A* **72**(3), pp. 356–364 (1982).

40. J. M. Jarem and P. P. Banerjee, *Computational Methods for Electromagnetic and Optical Systems*, Marcel Dekker, Inc., New York, NY (2000).

41. R. A. Johnston and R. G. Lane, "Modeling scintillation from an aperiodic Kolmogorov phase screen," *Appl. Opt.* **39**(26), pp. 4761–4769 (2000).

42. J. D. Mansell, R. Praus, and S. Coy, "Determining wave-optics mesh parameters for complex optical systems," Proc. SPIE **6675** (2007).

43. J. M. Martin and S. M. Flatté, "Intensity images and statistics from numerical simulation of wave propagation in 3-D random media," *Appl. Opt.* **27**(11), pp. 2111–2126 (1988).

44. J. M. Martin and S. M. Flatté, "Simulation of point-source scintillation through three-dimensional random media," *J. Opt. Soc. Am. A* **7**(5), pp. 838–847 (1990).

45. F. L. Pedrotti, L. M. Pedrotti, and L. S. Pedrotti, *Introduction to Optics*, 3rd Ed., Benjamin Cummings (2006).

46. C. Palma and V. Bagini, "Extension of the Fresnel transform to ABCD systems," *J. Opt. Soc. Am. A* **14**(8), pp. 1774–1779 (1997).

47. A. J. Lambert and D. Fraser, "Linear systems approach to simulating optical diffraction," *Appl. Opt.* **37**(34), pp. 7933–7939 (1998).

48. J. D. Mansell, L. Xu, A. S. amd Robert Praus, and S. Coy, "Algorithm for implementing an ABCD ray matrix wave-optics propagator," Proc. SPIE **6675** (2007).

49. H. M. Ozaktas and D. Mendlovic, "Fractional Fourier optics," *J. Opt. Soc. Am. A* **12**(4), pp. 743–750 (1995).

50. J. García, D. Mas, and R. G. Dorsch, "Fractional Fourier transform calculation through the fast-Fourier-transform algorithm," *Appl. Opt.* **35**(35), pp. 7013–7018 (1996).

51. F. J. Marinho and L. M. Bernardo, "Numerical calculation of fractional Fourier transforms with a single fast-fourier-transform algorithm," *J. Opt. Soc. Am. A* **15**(8), pp. 2111–2116 (1998).

52. D. Mas, J. García, C. Ferreira, L. M. Bernardo, and F. J. Marinho, "Fast algorithms for free-space diffraction patterns calculation," *Opt. Commun.* **164**(4), pp. 233–245 (1999).

53. S. M. Flatté, G.-Y. Wang, and J. Martin, "Irradiance variance of optical waves through atmospheric turbulence by numerical simulation and comparison with experiment," *J. Opt. Soc. Am. A* **10**(11), pp. 2363–2370 (1993).

54. S. Coy, "How to choose mesh spacings for wave-optics simulations," tech. rep., MZA Associates (2003).

55. L. Onural, "Some mathematical properties of the uniformly sampled quadratic

phase function and associated issues in digital fresnel diffraction simulations," *Opt. Eng.* **43**(11), pp. 2557–2563 (2004).

56. R. Frehlich, "Simulation of laser propagation in a turbulent atmosphere," *Appl. Opt.* **39**(3), pp. 393–397 (2000).

57. T.-C. Poon and P. P. Banerjee, *Contemporary Optical Image Processing With Matlab*, Elsevier Science, Ltd., Oxford, UK (2001).

58. T.-C. Poon and T. Kim, *Engineering Optics with* MATLAB, World Scientific Publishing Co. (2006).

59. V. P. Lukin and B. V. Fortes, *Adaptive Beaming and Imaging in the Turbulent Atmosphere*, SPIE Press, Bellingham, WA (2002).

60. S. V. Mantravadi, T. A. Rhoadarmer, and R. S. Glas, "Simple laboratory system for generating well-controlled atmospheric-like turbulence," Proc. SPIE **5553** (2004).

61. T. A. Rhoadarmer and R. P. Angel, "Low-cost, broadband static phase plate for generating atmosphericlike turbulence," *Appl. Opt.* **40**, pp. 2946-Ű2955 (2001).

62. A. N. Kolmogorov, "The local structure of turbulence in an incompressible viscous fluid for very large Reynolds numbers," *C. R. (Doki) Acad. Sci. U.S.S.R.* **30**, pp. 301–305 (1941).

63. A. M. Obukhov, "Structure of the temperature field in turbulent flow," *Izv. Acad. Nauk. SSSR, Ser. Georgr. I Geofiz.* **13**, pp. 58–69 (1949).

64. S. Corrsin, "On the spectrum of isotropic temperature fluctuations in isotropic turbulence," *J. Appl. Phys.* **22**, pp. 469–473 (1951).

65. A. Ishimaru, *Wave Propagation and Scattering in Random Media*, Wiley-IEEE Press, New York, NY (1999).

66. A. D. Wheelon, *Electromagnetic Scintillation: Volume 2, Weak Scattering*, Cambridge University Press (2003).

67. S. F. Clifford, *Laser Beam Propagation in the Atmosphere*, ch. The Classical Theory of Wave Propagation in the Atmosphere. Springer-Verlag (1978).

68. R. J. Sasiela, *Electromagnetic Wave Propagation in Turbulence: Evaluation and Application of Mellin Transforms*, 2nd Ed., SPIE Press, Bellingham, WA (2007).

69. D. L. Fried, "Statistics of a geometric representation of wavefront distortion,"

J. Opt. Soc. Am. **55**(11), pp. 1427–1431 (1965).

70. L. C. Andrews, S. Vester, and C. E. Richardson, "Analytic expressions for the wave structure function based on a bump spectral model for refractive index fluctuations," *J. Mod. Opt.* **40**, pp. 931–938 (1993).

71. M. C. Roggemann, B. M. Welsh, D. Montera, and T. A. Rhoadarmer, "Method for simulating atmospheric turbulence phase effects for multiple time slices and anisoplanatic conditions," *Appl. Opt.* **34**(20), pp. 4037–4051 (1995).

72. C. M. Harding, R. A. Johnston, and R. G. Lane, "Fast simulation of a Kolmogorov phase screen," *Appl. Opt.* **38**(11), pp. 2161–2170 (1999).

73. F. Assémat, R. W. Wilson, and E. Gendron, "Method for simulating infinitely long and non stationary phase screens with optimized memory storage," *Opt. Express* **14**(3), pp. 988–999 (2006).

74. A. Beghi, A. Cenedese, and A. Masiero, "Stochastic realization approach to the efficient simulation of phase screens," *J. Opt. Soc. Am. A* **25**(2), pp. 515–525 (2008).

75. V. Sriram and D. Kearney, "An ultra fast Kolmogorov phase screen generator suitable for parallel implementation," *Opt. Express* **15**(21), pp. 13709–13714 (2007).

76. G. Cochran, "Phase screen generation," Tech. Rep. TR-663, the Optical Sciences Company (1982).

77. B. J. Herman and L. A. Strugala, "Method for inclusion of low-frequency contributions in numerical representation of atmospheric turbulence," Proc. SPIE **1221**, pp. 183–192 (1990).

78. R. G. Lane, A. Glindemann, , and J. C. Dainty, "Simulation of a Kolmogorov phase screen," *Waves in Random Media* **2**, pp. 209–224 (1992).

79. H. Jakobssen, "Simulations of time series of atmospherically distorted wave fronts," *Appl. Opt.* **35**, pp. 1561–1565 (1996).

80. B. M. Welsh, "A Fourier series based atmospheric phase screen generator for simulating anisoplanatic geometries and temporal evolution," Proc. SPIE **3125**, pp. 327–338 (1997).

81. G. Sedmak, "Performance analysis of and compensation for aspect-ratio effects of fast-Fourier-transform-based simulations of large atmospheric wave fronts," *Appl. Opt.* **37**, pp. 4605–4613 (1998).

82. R. J. Eckert and M. E. Goda, "Polar phase screens: a comparative analysis with

other methods of random phase screen generation," Proc. SPIE **6303** (2006).

83. D. Kouznetsov, V. V. Voitsekhovich, and R. Ortega-Martinez, "Simulations of turbulence-induced phase and log-amplitude distortions," *Appl. Opt.* **36**, pp. 464–469 (1997).

84. F. Dios, J. Recolons, A. Rodríguez, and O. Batet, "Temporal analysis of laser beam propagation in the atmosphere using computer-generated long phase screens," *Opt. Express* **16**(3), pp. 2206–2220 (2008).

85. D. L. Fried and T. Clark, "Extruding Kolmogorov-type phase screen ribbons," *J. Opt. Soc. Am. A* **25**(2), pp. 463–468 (2008).

86. B. L. McGlamery, "Restoration of turbulence-degraded images," *J. Opt. Soc. Am.* **57**(3), pp. 293-Ů297 (1967).

87. N. A. Roddier, "Atmospheric wavefront simulation using Zernike polynomials," *Opt. Eng.* **29**, pp. 1174–1180 (1990).

88. E. M. Johansson and D. T. Gavel, "Simulation of stellar speckle imaging,"Proc. SPIE **2200**, pp. 372–383 (1994).

89. G. J. Gbur, "Simulating fields of arbitrary spatial and temporal coherence," *Opt. Express* **14**(17), pp. 7567–7578 (2006).

90. H. J. Weber and G. B. Arfken, *Mathematical Methods for Physicists*, 6th Ed., Academic Press (2005).